Petra Krivy &
Angelika Lanzerath

Hunde verstehen

Petra Krivy &
Angelika Lanzerath

Hunde verstehen

Die Hundeschule

Müller
Rüschlikon

Impressum

Titel-Reihengestaltung: Petra Pawletko

Einbandgestaltung: Luis Dos Santos

Titelbild: Angelika Lanzerath

Bildnachweis: ©Christoph Aron/PIXELIO: S. 38, 63, 85; ©Matthias Balzer/PIXELIO: S. 83; ©brezelbuh/PIXELIO: S. 61; ©Uschi Dreiucker/PIXELIO: S. 57, 105; ©Echino/PIXELIO: S. 40; F. Erb: S. 19, 20, 21, 24, 25, 33, 35, 37, 48, 49, 50, 51, 53, 54, 64, 65, 66, 72, 76, 83, 88; ©Martina Goslar/PIXELIO: S. 82; Brita Günther: S. 6, 8, 12, 13, 17, 20, 21, 23, 24, 27, 30, 36, 41, 43, 47, 52, 55, 59, 62, 67, 70, 71, 72, 74, 75, 93, 95; Conny Hagen-www.fotolia.de: S. 86; ©ich/PIXELIO: S. 39; ©Keyboardhexe/PIXELIO: S. 7; Xaver Klaußner-www.fotolia.de: S. 25; Petra Krivy: S. 5, 12, 14, 73, 90, 92; Martina Kunze: S. 44; Angelika Lanzerath: S. 9, 10, 22, 23, 25, 26, 28, 44, 46, 67, 68, 69, 77, 83, 84, 91, 94; Liana-www.fotolia.de: S. 31, 106; Regina Mackensen: S. 15; Marcel Mende-www.fotolia.de: S. 44; K.-H. Münch: S. 56, 58; muro-www.fotolia.de: S. 3, 45; H.-J. Peters: S. 24, 29; K. Petz: S. 22; Oliver Pohl: S. 9, 13, 16, 42; ©Ivan Slezak/PIXELIO: S. 81; Steve Prinz-www.fotolia.de: S. 18, 45; Stefan Richter-www.fotolia.de: S. 14; ©stehie/PIXELIO: S. 6; ©Klaus Steves/PIXELIO: S. 5; ©Wandersmann/PIXELIO: S. 11; ©Gesa Zimmermann/PIXELIO: S. 78

Die in diesem Buch enthaltenen Hinweise und Ratschläge beruhen auf jahrelang gemachten Erfahrungen und gesammelten Erkenntnissen in praktischer und theoretischer Arbeit mit Hunden. Alle Angaben wurden gründlich geprüft. Eine Haftung der Autorinnen oder des Verlages und seiner Beauftragten für Personen-, Tier-, Sach- und Vermögensschäden ist ausgeschlossen.

ISBN 978-3-275-01756-0

Copyright © 2010 by Müller Rüschlikon Verlag

Postfach 103743, 70032 Stuttgart

Ein Unternehmen der Paul Pietsch Verlage GmbH & Co. KG

Lizenznehmer der Bucheli Verlags AG, Baarerstr. 43, CH-6304 Zug

1. Auflage 2010

Sie finden uns im Internet unter **www.mueller-rueschlikon-verlag.de**

Lektorat: Claudia König

Innengestaltung: Petra Pawletko

Druck und Bindung: KoKo Produktionsservice, 70900 Ostrava

Printed in Czech Republic

Inhalt

Einleitung

»Oh, nein, mein Hund versteht mich nicht!« Wie oft hört derjenige, der sich beratend, helfend, unterstützend mit Hunden und Hundehaltern auseinandersetzt, diesen Satz. Gemeint ist in der Regel, dass der Vierbeiner die gegebene Anweisung nicht ausführt, sich im Alltagsleben »daneben« benimmt und die ausführlichen Hintergrunderklärungen des Menschen nicht registriert und weiterhin ver-ängstigt oder aggressiv reagiert. »Dabei hab' ich ihm doch erzählt, dass Nachbars Hasso ein ganz lieber Kerl ist und nur spielen will. Aber er fletscht ihn direkt an und hört nicht auf mich! Und mein Onkel ist auch immer ganz nett zu ihm und will ihn nur streicheln, aber er weicht immer aus und geht zurück, letztlich hat er sogar ›ganz plötzlich‹ nach Onkel Theo geschnappt.«

Oft schaut uns der Hund aus großen Augen an und wir fragen uns: »Was mag er jetzt wohl denken?«

Eigentlich ist die kleine Shari glücklich und zufrieden über ihr »Meisterwerk«, doch als es vom Menschen entdeckt wird, scheint sie »ein schlechtes Gewissen« zu haben.

Auf der anderen Seite steht der exakt gegensätzliche Ausspruch, der fast ebenso oft zu hören ist: »Mein Hund versteht mich immer, er spürt sofort, wie ich mich fühle und wie es mir geht! Er ist ein wahrer Freund!« Und nicht

selten werden vom Menschen auf dieser unbestritten vorhandenen empathischen Ebene vermenschlichte Kausalitäten konstruiert, die diese hundliche Fähigkeit zum Empfinden zwar zusätzlich unterstreicht, jedoch leider in menschliche Gedankenstränge zwängt und somit letztlich verfälscht. So wird dem Vierbeiner dann das »schlechte Gewissen« unterstellt, die »Undankbarkeit«, das »treulose und unfaire Verhalten« und anderes.

Kaum ein Mensch zweifelt heutzutage hoffentlich noch an den enormen Sinnesleistungen und Fähigkeiten unseres vierbeinigen Sozialpartners mit der feuchten Schnauze. Einfühlungsvermögen, und zwar intuitives, nicht rationales, befähigt viele Vertreter seiner Art zu hervorragenden Servicehunden, sie unterstützen therapeutische Arbeit im Behinderten- oder Seniorenheim, warnen vor Anfallsleiden, erspüren Erdbeben, um nur einiges zu nennen. Wie ihnen all das möglich ist, wie umfassend und zuverlässig sie helfen können, bleibt den meisten Menschen verschlossen. Begreifen wir Menschen überhaupt, was da durch diese Tiere geleistet wird?

Und um zum einleitenden Beispiel zurückzukommen: Die Aussage zum nicht verstehenden Hund muss mit der Frage »Verstehen Sie eigentlich Ihren Hund?« pariert werden. So viele Missverständnisse gibt es in der Mensch-Hund-Beziehung, die das Miteinander letztlich für beide Seiten belastet. Zu oft wird der Hund mit menschlichen Maßstäben gemessen, sein Verhalten, Aktion wie Reaktion, nach menschlichem Ermessen bewertet. Zu häufig soll der Hund der bessere Mensch sein ...

Vielleicht ist es letztlich doch besser, dass wir nicht wissen, was unsere Hunde über uns denken.

Sicherlich ist es im Rahmen von weniger als 100 Seiten nicht möglich, alle Facetten und Varianten des Vierbeiner-Kommunikationssystems aufzuzeigen! Doch vielleicht gelingt es uns, Ihnen, liebe Leser, ein wenig Einblick in die Hundesprache zu geben, die Zusammenhänge von hundlichem Verhalten zu erklären und Sie zu befähigen, Ihren vierbeinigen Mitbewohner besser zu verstehen.

Versäumnisse und Fehlinterpretationen durch den Menschen wirken sich letztlich auf alles aus, was das jeweilige Mensch-Hund-Team betrifft, aber auch auf die psychische Entwicklung und Stabilität des Vierbeiners. Somit führt das gegenseitige Nichtverstehen unterm Strich immer zu Belastungen, seien es Erziehungsprobleme, Bindungsstörungen, Statusdifferenzen. Und dabei ist es weniger der Hund, der lernen muss, sondern (mal wieder?) der Mensch! »Doch leider wird das Tier mit seinen besonderen Bedürfnissen nur allzu oft vom Besitzer nicht verstanden, und in der Folge scheitert die Beziehung zwischen Mensch und Tier.« (Bailey, 1998)

Im Grunde versteht der Hund uns, unsere Absichten und unser Verhalten vielfach besser als umgekehrt – auch wenn es für viele Hundebesitzer schwer zu glauben und zu akzeptieren ist.

Wie seltsam und furchteinflößend muss die Welt häufig aus der Hundeperspektive erscheinen.

1. Kann ein Hund »sprechen«?

»Könnte mein Hund doch bloß sprechen, könnte er mir sagen, was er denkt, was er fühlt, was er möchte!« Auch das ist ein oft zu hörender Ausspruch von Hundebesitzern. Kann ein Hund denn wirklich nicht »sprechen«? Und wie er das kann! Nur leider vermögen die meisten Menschen ihn nicht zu verstehen, denn er spricht nicht in unserer menschlichen Sprache, sondern in seiner ureigenen – in dieser aber sehr umfangreich und aussagekräftig, prägnant und ohne Umschweife. Feddersen-Petersen weist mit Rückbezug auf Herre auf die »anzeigende Sprache (des Hundes) im Unterschied zum beschreibenden Sprechen beim Menschen« hin und erklärt weiter: »Hunde kommunizieren zu einem großen Teil durch Mimik und Körpergesten, über eine nonverbale Körpersprache also.« (Feddersen-Petersen, 2004) Aber sie sagt auch, dass »ein Wolf (sich) mit über 60 verschiedenen Mienen (verständigt), der Schoßhund (...) nur noch vier bis fünf (hat). Somit spielt die Mimik beim Haushund nur noch eine untergeordnete Rolle.« Ist dann noch rassebedingt oder aufgrund »menschlicher Schönheitsideale« sein Gesicht von Haaren bedeckt, so wird die innerartliche, wie die Hund-Mensch-Kommunikation mittels Mimik zusätzlich behindert. Die nicht zu erkennende Mimik macht es fast unmöglich, die jeweilige Stimmung des Vierbeiners zu »erraten«. Aus diesem Grunde wird den Hundehaltern eines »Hundes mit Gesichtsvorhang« gern geraten, die störenden Haare einfach hochzubinden und ihrer Fellnase so eine nicht eingeschränkte Kommunikation zu ermöglichen. Der häufig angeführten Argumentation, der Hund würde Schaden an den

Dieser Bearded Collie hat nicht nur Probleme beim Sehen, sondern auch in der Kommunikation mit anderen Vierbeinern. Mit hochgesteckten Haaren geht es besser! Man kann aber auch einen schicken Pony schneiden.

Augen nach Entfernung der Haare nehmen, müssen wir energisch widersprechen. Alle Welpen dieser Rassen leben lange, schöne, unbeschwerte Monate, in denen sie störungsfrei sehen können und so auch über ihre Mimik kommunizieren. Erst ab einem Alter von ca. acht bis neun Monaten beginnt der unselige

»Vorhang« die Augen zu bedecken. Schneidet man die Haare aber ab oder bindet sie hoch, so bleiben die Augen auch weiterhin gesund und funktionstüchtig. Erst das jahrelange Bedecken der Augen, das nicht mehr normale Sehen über einen langen Zeitraum, führt dazu, dass eine plötzliche Entfernung der »Gardine« zu Problemen führen kann. Eine Modetorheit, die dem Hund nichts als Nachteile bringt! Bitte denken Sie darüber nach ...

Auch Lautäußerungen gehören zum Kommunikationsverhalten des Vierbeiners, wie jeder Hundehalter mehr oder weniger von seinem eigenen Hund kennt. Da wird auffordernd bis antreibend gebellt, wenn die Tür nicht schnell genug geöffnet wird, da wird vor Freude in den höchsten Tönen gejodelt, wenn der menschliche Sozialpartner nach Abwesenheit heimkehrt. Oder es werden jiffende Hetzlaute ausgestoßen, wenn der Spur eines Hasen gefolgt wird, und der unliebsame Fremde wird mit sonorem Knurren darauf aufmerksam gemacht, dass ein weiteres Annähern keine akzeptable Idee ist.

Im Unterschied zum Vorfahren Wolf bedienen sich unsere Hunde deutlich mehr – und ausgiebiger – diverser Lautäußerungen. Feddersen-Petersen stellt fest, dass »reduziertes optisches Ausdrucksverhalten durch häufigeres Äußern einer größeren Anzahl von Bellformen ›ausgeglichen‹ wird.« Der Verhaltensbiologe Norbert Sachser aus Münster hat dafür eine einfache Erklärung: »Wer in der Natur zu laut ist, der wird gefressen. In Gegenwart des Menschen ist es umgekehrt: Wer Futter will, der muss sich bemerkbar machen.«

Lautäußerungen werden von Wildtieren nur sehr wohl überlegt angewandt. Wer sich bemerkbar macht, riskiert sein Leben und verscheucht potentielle Beute.

Kommunikation beruht auf ein Sender-Empfänger-System, welches sich zur Signalübermittlung verschiedenster Werkzeuge und Hilfsmittel bedient. Das ist bei Tieren nicht anders als beim Menschen auch. Dabei dient die »Signalübertragung (...) dem Sender, das Verhalten seines Gegenübers, des Empfängers, zu seinen Gunsten zu beeinflussen.« (Feddersen-Petersen, 2004) Ein anschauliches, wenn auch für den Menschen beim Haushund nicht gern gesehenes bzw. gerochenes Beispiel einer Signalübermittlung ist zum Beispiel das Wälzen in Aas, was bei Wildtieren dazu dient, den Gruppenmitgliedern mitzuteilen, dass etwas Fressbares gefunden wurde und es sich lohnt, dem »wohlduftenden« Finder zur Futterstelle zu folgen. Wildtiere gleicher Art verstehen untereinander dieses Signal, die Signalübermittlung zwischen Hund und Mensch ist in diesem Fall gestört, da der Mensch den »Inhalt der Aussage« nicht versteht. Statt begeistert, erleich-

Beim Haushund nicht gern gesehenes Übel, beim Wildtier kommunikatives Mittel: Das Wälzen in Aas. Inbrunst und Spaß sind auch auf dem unscharfen Foto gut erkennbar!

Und Missverständnisse gibt es viele in der Mensch-Hund-Kommunikation. Mira Meyer unterstreicht, dass »die wichtigste Aufgabe der Kommunikation von Caniden (...) die Manipulation des Gegenübers (ist), damit dieser ein bestimmtes Verhalten zeigt oder unterlässt. Beispielsweise soll Zähnefletschen und Knurren eines Hundes einen anderen davon abhalten, sich zu nähern. Eine Vorderkörpertiefstellung hingegen dient meist als Spielaufforderung.« (Meyer, 2006)

tert und erfreut auf diese »Rettung vor dem Hungertod« zu reagieren, erntet der zum Teilen bereite Vierbeiner Schimpfkanonaden und unwirsche Behandlung und erfährt, dass seine Aktion nicht Freude und Zustimmung, sondern Ärger, Unwillen und schlechte Stimmung einträgt. Das Missverständnis ist perfekt!

Auch dem Menschen gegenüber werden manipulative Aktionen an den Tag gelegt! Und nicht selten hat der Hund mit seinen Manipulationen Erfolg, sei es, dass er das Zeitmanagement übernimmt und die Zeiten für Futter, Spiel, Spaziergang oder Sozialkontakt bestimmt oder sogar auf der Gassirunde den Streckenverlauf

Die zum Spiel auffordernde Vorderkörpertiefstellung beherrscht bereits der Welpe.

Oft bestimmt der Hund, wann was wo gemacht oder wohin wie schnell gegangen wird.

Unterschiedliche Arten, wie es Mensch und Hund sind, können sich verstehen lernen! Es klappt ja auch bei Hund und Katze, obwohl auch deren Kommunikations- verhalten sehr unterschiedlich ist.

vorgibt und nach seinem Gusto verlängert oder verkürzt.

Stellen wir doch einfach einmal die »Kommu- nikations-Werkzeuge« von Mensch und Hund gegenüber:

Merkwürdig! Eigentlich ist das Kommuni- kationssystem von Mensch und Hund recht ähnlich, warum kommt es dann zu so vielen Missverständnissen?

	Mensch	Hund
verbale Sprache	z.B.: Reden, Schreien, Flüstern, Lachen, Weinen	z.B.: Wuffen, Bellen, Knurren, Winseln, Jaulen
nonverbale Sprache	Mimische Ausdrücke	Mimische Ausdrücke
	Gestische Ausdrücke	Gestische Ausdrücke
	Körperhaltung	Körperhaltung
	Olfaktorische Komponenten	Olfaktorische Komponenten

Was meint der Mensch, was versteht der Hund?

In der zwischenmenschlichen Kommunikation beschränken wir uns häufig auf das gesprochene Wort, sei es aus Oberflächlichkeit, aus Bequemlichkeit oder aus reiner Gewohnheit. Doch da, wo der Wahrheitsgehalt einer Aussage geprüft wird, die Bekräftigung einer Meinung von Ausschlag oder das Interesse an der Antwort auf eine Frage sehr groß ist, werden Mimik und Gestik verstärkt mit eingesetzt bzw. beachtet. Auch individuell gibt es deutliche Unterschiede: Die Redner, die sprichwörtlich mit Händen und Füßen kommunizieren, die Personen, denen man jede Stimmung am Gesicht ablesen kann, aber auch diejenigen Zeitgenossen, die mittels »Poker-Face« mit jeder Regung hinterm Berg halten.

In Bezug auf den Hund wird häufig nur ein Signal isoliert betrachtet, was allein schon Fehler in der Deutung begründet. Wie häufig hört ein Hundetrainer: »Seltsam, dass der Hund gebissen hat, dabei hat er doch vorher so freundlich mit dem Schwanz gewedelt!« Bedenken wir, dass auch der vor dem Dachsbau stehende Terrier aufgeregt wedelt und dies sicherlich nicht tut, um den Dachs freundlich zu begrüßen, so wird deutlich, dass Wedeln nicht gleich Wedeln ist und zusätzliche Merkmale der Körperhaltung berücksichtigt werden müssen, um die Intention zu ergründen. Doch hierzu später im Anhang mehr. Wichtig zu verstehen ist, dass niemals ein einzelnes Merkmal allein ausreichend Aufschluss über eine Gestimmtheit geben kann. Immer sind

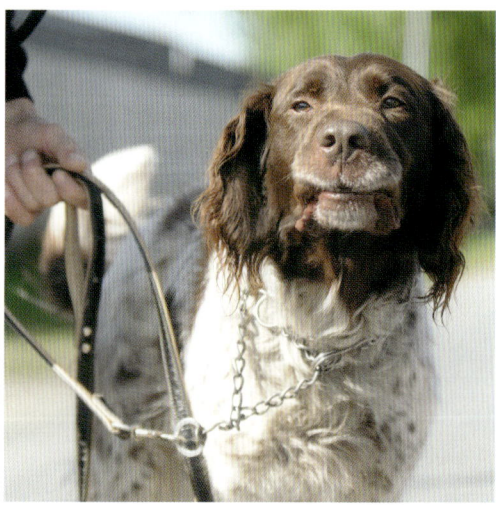

Obwohl der Münsterländer auch leicht wedelt, signalisiert er über die »dicken Backen«, die etwas zurückgezogenen Ohren, den leicht vorgestreckten Kopf und die leicht zusammengekniffenen Augen, dass er eine weitere Annäherung des Gegenübers nicht begrüßt. Ein leises, unterschwelliges Knurren wäre möglich.

weitere körpersprachliche Ausdrucksweisen, eventuell in Kombination mit Lautäußerungen und in Zusammenhang mit der jeweiligen Situation zu sehen.

Weiter ist es wichtig zu verstehen, dass zwischen Mensch und Hund in mancherlei Beziehung unterschiedliche »Verhaltensmanieren« gelten, wie sie zum Beispiel auch in unterschiedlichen Kulturkreisen innerhalb der Menschheit durchaus vorkommen. In vielen westlichen Ländern ist das Händeschütteln als Begrüßungszeremonial gängige Praxis, in anderen Ländern wiederum traditionell unüblich bis sogar unschicklich. Auch Umarmung und Wangenkuss sind in einigen Ländern völlig normal, in anderen höchst unpassend oder nur auf gleichgeschlechtliche Kontakte beschränkt. Schnell ist man ins Fettnäpfchen getreten, wenn man die jeweils gebräuchliche Etikette nicht beherrscht.

Unsere Hunde haben ihre festen Riten und Rituale untereinander, die sie artgemäß auch auf den Umgang mit dem Menschen übertragen. Dabei gibt es zusätzlich rasse- bzw. typgebundene Unterschiede, zum Beispiel was die Toleranz von Annäherung (Stichwort Individualdistanz) anbetrifft.

Herdenschutzhunde-Typen beanspruchen zumeist eine größere Individualdistanz als z.B. Vertreter der Retrieverfamilie.

»Wir müssen die ›Sprache‹ unsres Hundes verstehen, wenn wir das, was unter Hunden vorgeht, begreifen wollen. Und auch uns gegenüber versucht er sich ja mit dieser seiner ›Sprache‹ verständlich zu machen.« (Trumler, 1989)

Um dem beschränkten Umfang des Buches Rechnung zu tragen, werden wir uns im Folgenden einigen wenigen Themengebieten schwerpunktmäßig widmen, in welchen es aber erfahrungsgemäß sehr häufig zu Fehlinterpretationen und – leider! – auch entsprechend zu resultierenden Problemen kommt. So sind etliche gut gemeinte Ratschläge von »erfahrenen Zeitgenossen« zum Umgang mit Hunden blanker Unsinn bis geradezu gefährlich. Denken wir hier nur an den wohlwollenden Tipp der selbst unsicheren Mutter zu ihrem Kinde, dem fremden Hund die Hand entgegenzustrecken, damit der »Wauwau mal riechen kann«. Dumm, wenn der Hund eventuell handscheu ist, womöglich früher geschlagen wurde und nun auf die in seine Richtung hervorschnellende Kinderhand mit Abwehrschnappen reagiert. Je nach Größenverhältnissen kommt die hervorgestreckte Hand auch noch von oben, was vom Hund als Bedrohung empfunden werden kann und eine entsprechende Reaktion auslöst. Oder der »schlauen« Empfehlung, dem unbekannten, furchteinflößenden Hund fest in die Augen zu schauen, damit er die eigene Angst des Menschen nicht bemerkt. Auf diese, von ihm als respektlose Herausforderung bis direkte Kampfansage definierte Maßnahme wird er entsprechend reagieren! Hoffentlich geht es glimpflich ab. Auch hierzu mehr Beispiele und Erklärungen im Anhang.

2. Alles nur Spiel?

Kontaktaufnahmen, vor allem, wenn sie zu stürmisch erfolgen, können auch sehr verunsichern. Gerade junge Hunde sollten hierbei keine schlechten, sie überfordernden Erfahrungen machen, da dies auf das spätere Sozialverhalten äußerst negativ wirken kann.

»Der will ja nur spielen« ist ein häufig gehörter Satz unter Hundehaltern. Ist das wirklich so? Woran erkenne ich, ob der auf mich zustürmende, bellende Vierbeiner Gutes im Schilde führt und ein ausgelassenes Spiel im Sinn hat?

Oft begegnet man Hunden, die sich schon auf große Distanz abducken, klein machen, sich sogar hinlegen, wobei die Hinterbeine gerade angewinkelt und nicht auf die Seite gekippt sind. Unsere Trainerfreundin Ann-Sophie Griebel spricht bei dieser Ablageform von der »Hebebühne«. Gleichzeitig wird der entgegenkommende Kontrahent, zwei- oder vierbeinig, starr fixiert. Der zugehörige Besitzer ist dann

womöglich der Meinung, dass sein vermeintlich spielfreudig aufgelegter Hund sich in dieser Situation bereits »unterwirft« und offensichtlich »klein macht«! Das kann so aber schon gar nicht stimmen, denn eine sich unterwerfende Fellnase **vermeidet** Blickkontakt und die Körperhaltung ist nicht angespannt. Welches Verhalten also zeigen diese Hunde?

Abducken, Anschleichen, sich hinlegen und fixieren sind Sequenzen aus dem Jagdverhalten, haben also mit »Spiel« und »sich unterwerfen« absolut nichts zu tun.
Die dahinterstehende Absicht ist eine gänzlich andere. Hier soll ausgetestet werden, wie der entgegenkommende Vierbeiner (oder

17

Mensch) reagiert, er wird als Beute betrachtet und das hundliche Handeln ist darauf ausgerichtet. Ist das Gegenüber verunsichert, so erfolgt vom »Tester« eine Scheinattacke gemäß dem Motto: »Juhu, ich habe mit meinem Verhalten Erfolg gehabt.« Dies kann im Laufe immer wiederkehrender Erfolge dazu führen, dass der »Beutemacher« sich zielsicher nur noch die unsicheren Hunde aussucht und diese vielleicht sogar in die Flucht schlägt. Besonders gefährlich kann es werden, wenn an einer solchen Situation mehrere Hunde beteiligt sind. Das »In-die-Flucht-Schlagen« geht leicht über in eine Mobbingsituation, bei der der gejagte Hund gemeinschaftlich gepiesackt, bedrängt und malträtiert wird und letztlich sogar gebissen werden kann. »Unfair!«, meinen Sie? Hunde sind nicht »fair« im menschlich-ethischen Sinne!

Trifft er aber auf selbstbewusste Vierbeiner, so rennt er auch auf diese drauf los, macht aber einige Meter vor ihnen einen Bogen, wenn er merkt, dass sie sich nicht beeindrucken lassen. Um sein Gesicht zu wahren löst er diese, für ihn gar nicht erfolgreiche Situation häufig durch eine Spielaufforderung auf.

Wichtig:

Bei untereinander bekannten Hunden ist ein Aufeinander-Zulaufen eine Aufforderung zu einem beglückenden Jagdspiel. Hierbei kommt es nicht zu Verunsicherungen, da die Hunde sich kennen und wissen, dass ausgelassenes Spiel folgt.

Für arbeitende Hütehunde sind die Jagdverhaltenssequenzen wichtig, um ihre Arbeit leisten zu können. Nur die letzte Sequenz, das Töten, wurde züchterisch selektiv eliminiert. Manch´ Hütehundschlag »pitscht« auch gern zum Antreiben. Dumm, wenn der als Familienhund gehaltene »Workaholic« dabei Rinderhaxe und Menschenbein verwechselt.

Wie auch immer man sie bezeichnet: Spielerische Verhaltenssequenzen laufen stets nach demselben Muster ab.

Von einigen »Experten« wird – entgegen der verhaltensbiologischen Erkenntnisse! – gern bestritten, dass es Spiel überhaupt gibt. Letztlich ist es egal, wie man dieses Verhalten auch immer nennen will, von uns aus auch »kreuzweise gedrehtes Omelett«, es läuft aber immer nach den gleichen Regeln ab.

Woran erkennt man, ob es sich bei dem Hundekontakt um Spiel handelt oder nicht?

Ob es sich bei einer Interaktion zwischen Hunden wirklich um Spiel handelt, ist selbst für den Laien einfach zu erkennen, wenn auf folgende Punkte geachtet wird:

1. Es findet ein Rollenwechsel statt

Beobachten Sie ein lustvolles Jagdspiel, bei welchem aber immer nur derselbe Hund der Gejagte ist, so ist es zumeist kein Spiel mehr. Hin und wieder haben wir aber die Situation, dass der Gejagte so schnell ist, dass ein Rollenwechsel gar nicht stattfinden kann! In diesem Falle ist es wichtig, die Reaktionen des Gejagten zu beobachten. Ist die Körpersprache noch entspannt? Hat er das sogenannte »Spielgesicht«? Fordert er selber immer wieder zur flotten Jagd auf?

Ein junger Sage-Koochee (rechts) mit deutlich erkennbarem Spielgesicht.

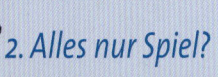

Die Vorderkörpertiefstellung zeigt an, dass hier gleich ein herrliches Spiel folgt.

Dieser Hund zeigt deutlich seine angespannte psychische Verfassung, in welcher für ihn kein Spiel möglich ist.

2. Übertriebene Körpersprache

Jeder von uns Hundehaltern kennt die »dollen fünf Minuten« seines Hundes, wo dieser seine aufgestaute Energie durch Herumrasen und -tollen abzubauen versucht. Aufgezogener Rücken, Henkelschwanz, »lachendes Gesicht« sind die Merkmale, die der Hund in dieser Zeit zeigt. Er läuft nicht nur einfach herum, sondern hüpft völlig verrückt wie ein Känguru durch die Gegend.

Die Angst mancher »Hundeexperten«, dieses Verhalten sei ein Bestreben des Hundes, den Menschen zu kontrollieren und zu manipulieren und deshalb müsse es unbedingt unterbunden werden, ist völliger Unsinn und hat mit Kenntnis über Canidenverhalten nichts zu tun.

3. Spiel findet nur in entspannter Atmosphäre statt

Spielt ein Hund nie, so muss hinterfragt werden, warum! Hat er Dauerstress und wie kann ihm geholfen werden? Dieses »Nicht-spielen-Können« findet man häufig bei Tierheim- oder Tierschutzhunden, die, aus welchen Gründen auch immer, nie in einer geborgenen, entspannten Umgebung gelebt haben. Wenn man Glück hat, gewinnen diese Hunde aber im Laufe der Zeit Vertrauen und beginnen dann, wenn auch zaghaft, da ungewohnt, zu spielen.

Aber auch Einzelwelpen haben hier ein Defizit. Sie hatten ja nie den Geschwisterkumpel, mit dem ein lustvolles Spiel stattfinden konnte. Der schnellstmögliche Besuch einer qualifizierten Welpengruppe kann diese fehlende Zeit durchaus noch nachholen.

Welpen brauchen Kontakt zu gleichaltrigen Artgenossen! Für Einzelwelpen empfiehlt sich der Besuch einer qualifizierten Welpengruppe, damit Sozial- und Kommunikationsverhalten erlernt und gefestigt werden können.

Spiel braucht eine entspannte Atmosphäre.

Ebenso kann schlechte Erfahrung beim Spiel mit anderen Hunden dazu führen, dass Spielsituationen gemieden werden. Hier kommen unter Umständen auch die körperlichen Beschwerden zum Tragen, die wir immer wieder im Zusammenhang mit Hundeverhalten ansprechen. Ein mit HD (Hüftgelenksdysplasie) belasteter Hund, der in einer Spielsituation vom Kumpel heftig angerempelt wird, verknüpft Spiel mit Schmerzen und wird aus diesem Grunde nur ungern bereit sein, auf künftige Spielaufforderungen seiner vierbeinigen Fellkumpane einzugehen.

Genauso werden Hunde, die im Spiel mehrfach von anderen Vierbeinern gemobbt wurden, diesen immer wiederkehrenden Stress vermeiden wollen. Wie schon erwähnt: Spiel findet in entspannter Atmosphäre statt, diese ist für Mobbingopfer aber nicht gegeben.

Aus Spiel wird Mobbing!

 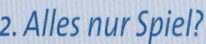

Weites Maulaufreißen innerhalb einer Spielsequenz.

4. Spiel spiegelt sich im Gesicht und in der Körperhaltung wieder

Spielende Hunde zeigen deutlich ein »Spielgesicht«! Der gesamte mimische Ausdruck spiegelt ihre entspannte, fröhliche Grundhaltung wieder, die »Lust am Leben« steht ihnen quasi ins Gesicht geschrieben! Feddersen-Petersen fasst die Merkmale des Spielgesichts zutreffend wie folgt zusammen: »Ungerichteter Blick, auffällige Geschwindigkeit von Ausdrucksänderungen, undifferenziertes Maulaufreißen (...) als Ausdruck mit höchstem Signalwert, gekoppelt mit Kopfschleudern und z. B. Hopsen bei Welpen. Mit zunehmendem Alter werden die Spielgesichter immer komplexer.«(2008)

Weitere spielerische Signale der Körpersprache werden in »typischer Intensität«, relativ übertrieben und überzogen gezeigt, sei es das Ringen unter vollem Körpereinsatz, das Kicken mit dem Hinterteil gegen den Spielpartner, das Schlagen mit den Pfoten, das Anspringen und Umeinandertänzeln. Auch die Lautäußerungen sind unter Umständen ausgiebig und sonor, entbehren aber jeglicher Bedrohung. Dies ist für unsere Vierbeiner ganz wichtig, damit das Gegenüber auch weiß, alles, was hier passiert, ist Spaß und kein Ernst. »Der Eindruck einer ›Ausdrucksübertreibung‹ entsteht komplex.« (Feddersen-Petersen, 2008)

Mit den rollenden Augen und dem übertrieben aufgerissenen Maul zeigt dieser Kangalrüde, dass es ihm nicht ernst ist.

5. Ich bin ganz klein und schwach

Unter miteinander sehr vertrauten und einander vertrauenden Hunden wird auch häufig das »Selfhandicap« (sich selbst benachteiligen) gezeigt. Der im Status höhere Hund begibt sich freiwillig in eine unterlegene Rolle, er legt sich zum Beispiel freiwillig vor seinem Kumpel auf den Rücken und offeriert ihm die ungeschützte Kehle. Der Spielpartner darf nun auf ihm herumhopsen, ihn am Fell ziehen, ihn stupsen und knuffen, also alle Dinge tun, die ansonsten »streng verboten« wären. Solches Spielverhalten lässt sich gut zwischen Welpen und Althunden beobachten, wobei es hierbei ein pädagogisch wertvolles, didaktisch aufgebautes und von den Althunden initiiertes Lernspiel ist, aus welchem die Welpen Umgangsformen und Grenzen lernen können.

Der junge Fuchs genießt »Narrenfreiheit« bei der älteren Hündin, die sich ruhig und gelassen zeigt.

6. Spielen ist auch Lernen fürs Leben

Im Spiel finden sich Sequenzen aus allen Funktionskreisen des Hundelebens wieder. Unter Funktionskreisen versteht man Verhaltensweisen, die einem ähnlichen übergeordneten Zweck dienen. So gehört das Fixieren, Anpirschen, Vorstehen, Anspringen in Form des »Mäuselsprungs« zum Beispiel zum Funktionskreis Jagd, was selber wieder mit Essen und Trinken zum Funktionskreis Nahrungsaufnahme zählt. Funktionskreise stellen eine Wechselbeziehung zwischen einem Organ und dem durch dieses ausgelöste Verhalten dar (Hunger > Nahrungsbeschaffung; Läufigkeit einer Hündin > Suche nach einem Fortpflanzungspartner und Ähnliches). Funktionskreise können sich überlagern und/oder vermischen.

Der souveräne Altrüde (liegend) fordert die noch etwas schüchterne Junghündin zum Spiel auf.

Die in Spielsequenzen gezeigten Verhaltensweisen werden aber in völlig planloser Abfolge gezeigt. Beim Jagdspiel z.B. wird der Gejagte erst umgeworfen, man packt in seinen Hals und schüttelt, um dann loszurennen und ihn zu jagen.

Objektspiel allein

Beim Spiel gilt es zwischen verschiedenen Formen des Spiels zu unterscheiden:

Objektspiel

Beim Objektspiel beschäftigt sich der Hund mit unbewegten (z.B. Stöckchen, Spielpuppe) oder bewegten (z.B. Blätter) Gegenständen. Objektspiele können auch als Sozialspiel mit einem oder mehreren Partnern durchgeführt werden.

 Objekt = Gegenstand

Objektspiel zu zweit

Solitärspiel

Ein Solitärspiel ist ein Spiel ohne Spielpartner. Hierbei beschäftigt sich der Hund z.B. mit dem eigenen Körper. Jeder Hundebesitzer hat bestimmt schon einmal erlebt, mit welcher Inbrunst sein Hund die eigene Rute jagt und vielleicht sogar verdutzt umfällt, wenn er diese gefangen hat und kräftig daran ziehend sich selbst von den Beinen haut. Auch Bewegungsspiele, die sich in lustvollem Herumhüpfen und Umherjagen äußern, fallen unter die Kategorie des Solitärspiels. Den meisten Hundebesitzern sind die sogenannten »dollen fünf Minuten« gut bekannt, in denen der Hund außer Rand und Band durchs Zimmer, Haus oder durch den Garten tobt.

Nicht nur Günther Bloch beschreibt das lustvolle »Rutschbahn-Spiel«, bei welchem Wölfe Hügel auf der Brust, dem Bauch oder sogar dem Rücken herunterrutschen. Auch eine Form von Solitärspiel!

Das anhaltende Beknabbern von Pfoten und/oder Körperregionen ist aber kein Solitärspiel, sondern unter Umständen ein Hinweis auf Parasitenbefall (Milben, Flöhe und andere) oder ein Zeichen stressbedingter Autoaggression! Auch ein Nägelkauen, wie wir es beim Menschen kennen, ist bei Hunden bekannt und kann verschiedene Ursachen haben.

 **Solitär = Einzeln**

Sozialspiel

Das Sozialspiel erfolgt mit einem oder mehreren Partnern, das können der Mensch, ein anderer Hund oder auch eine gemischte Mensch-Hund-Gruppe sein. Beim Sozialspiel sind Elemente wie Balgereien, Maulringen, Jagdspiele und andere zu beobachten.

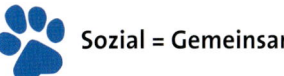 **Sozial = Gemeinsam**

Lebensfreude pur!

3. Bitte keine Aggressionen!

Nicht zuletzt durch die Geschehnisse der letzten zehn Jahre, der resultierenden Hundeverordnungen und -gesetze und der Übersensibilisierung der Bevölkerung auf Hunde und aggressives Hundeverhalten, werden jedes Knurren und alle Unmutsäußerungen eines Vierbeiners mit Argusaugen beobachtet. Natürlich ist es entsetzlich, wenn ein anderes Lebewesen durch einen Hund zu Tode kommt, nicht zu entschuldigen, selbst wenn es auf die eine oder andere Weise zu erklären ist. Dennoch muss man sich davor hüten, jegliches aggressives Verhalten pauschal zu verdammen und zu verurteilen. Aggression hat biologisch gesehen einen effektiven Sinn und ist keine soziale Auffälligkeit! Somit ist sie nicht grundsätzlich negativ.

Seit Jahrzehnten schwelt der Streit unter den diversen Wissenschaftszweigen, ob Aggression angeboren oder erworben ist. Die Argumentation der Politik folgt gern der Behauptung der angeborenen Aggressivität, wenn sie Hunderassenlisten aufstellt, nach der bestimmte Rassen pauschal verurteilt und verboten werden, weil ihnen die angeborene Aggressivität unterstellt wird. Doch bereits die Humanpsychologie belegt, dass die auffällige Gewaltbereitschaft in bestimmten Familien und/oder Gesellschaftsschichten bzw. kulturellen Kreisen nichts mit Genetik, sondern mit dem Phänomen der Nachahmung zu tun hat: Aggressive Vorfahren bedingen aggressive bzw. aggressionsbereitere Nachkommen. In der Tierwelt ist dies nicht anders, was verhaltensbiologische Studien belegen. Die Genetik kennt kein Aggressionsgen, sie wirkt aber durchaus auf Kampf- und Aggressionsbereitschaft.

Gansloßer stellt fest, dass »Aggression eine Reaktion auf störende Umwelteinflüsse ist und der Regulierung des Organismus´ in Bezug auf seine Umwelt dient«. Aggression folgt vorgegebenen biologischen Regeln und hat einen Sinn (und damit eine Daseinsberechtigung!). Sie unterliegt aber Umweltbedingungen und wird dort zum Problem, wo sie übersteigert gezeigt und unangemessen vorgebracht wird. Und das ist beim Menschen nicht anders: Wer auf die einfache Frage »Darf ich mir einmal Deinen Stift ausleihen?« gleich zuschlägt, statt einfach nur »Nein« zu sagen, der hat sicherlich ein Problem mit übersteigertem Aggressionsverhalten! Seine Umwelt zweifelsohne auch ...

Aggressive Verhaltensweisen, auch wenn sie biologisch nachvollziehbar sind, sind gesellschaftlich unerwünscht. Das betrifft jedes Lebewesen. Daher müssen sie entsprechend kanalisiert werden. Der Mensch legt sich vielleicht einen Punchingball zu, doch wo bleibt der Hund mit seinem Aggressionsverhalten? Und solange Bello »nur« die Couch oder sein Spielzeug zerfetzt, statt Nachbars Katze oder den sporadisch vorbeikommenden Frostwarenverkäufer am »Schlawittchen« zu packen, ist ja noch alles in Ordnung ... – oder etwa nicht? Wie oft hört ein Hundetrainer den verharmlosenden Ausspruch: »So richtig gebissen hat er ja noch nicht, es ist noch kein Blut geflossen!«

Was ist Aggression denn überhaupt?

Gansloßer definiert Aggression als »die Verabreichung oder Androhung schmerzhafter, störender oder potenziell schädlicher Reize an ein anderes Lebewesen mit dem Ziel, einen eigenen Vorteil zu erreichen.« (Gansloßer, 2007) Die meisten aggressiven Reaktionen entspringen einer Frustration, wenn nämlich situationsbedingt und im jeweiligen Augenblick die Erreichung des eigenen Wunsches, des individuellen Zieles, des beabsichtigten Vorhabens gefährdet erscheint. Hierbei ist auch wichtig zu berücksichtigen, dass soziale Isolation zur Aggressionssteigerung führt. Wer in ein soziales Geflecht eingebettet ist – und auch dies gilt wieder für Mensch und Tier analog! –, der lernt eher zu kooperieren und Kompromisse einzugehen. Wer soziale Beziehungen aufbauen kann, der erhält im Gegenzug auch soziale Unterstützung. Dies reduziert nicht nur

Soziale Isolation, wie sie früher häufig für Tierschutzhunde Alltag war, begünstigt Aggressionsverhalten. Stress und Unterforderung kommen erschwerend hinzu. Gruppenhaltung mit zueinander passenden Hunden und mit ausreichendem Platzangebot ist erstrebenswert, entspricht aber nicht immer den realen Möglichkeiten.

die Krankheitsanfälligkeit, sondern auch die Stresshormone, die bei Aggressionsverhalten eine wesentliche Rolle spielen! Kooperation und Konfliktmanagement sind Strategien, die die Durchsetzungsmöglichkeit eigener Interessen bedingen und zu sozialer Anpassung führen.

Die Verhaltensbiologie unterteilt Aggression in drei Kategorien:

1. Die Selbstschutzaggression
Denken wir an die in die Enge getriebene Ratte oder an den sogenannten Angstbeißer

Selbstschutzaggression erfolgt immer unerwartet und ohne jegliches Vorspiel wie Drohen, Knurren, Starre usw. und mit maximaler Durchschlagskraft. Hierbei führt die Überraschungstaktik und die Nichtvorhersehbarkeit

den Agierenden zum Erfolg, der aus dem erzielten Erfolg schnell lernt und seine Taktik entwickelt (trainierter Gewinner!). Für den Aggressor ist es dabei gleich, ob seine Aktion durch eine reale Gefahr oder eine, seiner ureigensten Meinung nach ausweglosen Situation ausgelöst wird. Verantwortlich ist das individuelle Stresshormonsystem, welches das Individuum antreibt und in dieser Situation auch nicht ermüden lässt.

2. Die **Jungtierverteidigung**, auch als elterliche Schutzaggression bezeichnet

Hierbei spielt der hormonelle Hintergrund die ausschlaggebende Rolle. Die Brutpflegehormone Prolaktin und Progesteron steuern das Verhalten in dieser Lebenssituation. Viele Hundebesitzer wundern sich über veränderte Verhaltensweisen bei läufigen und/oder (schein-)trächtigen Hündinnen, die aber hierüber erklärbar sind. Die Ausschüttung von Gelbkörperhormonen, die drei bis vier Wochen nach einer Belegung erfolgt, führt zum Beispiel zur Brutverteidigung. Auch bei Rüden, die im Frühjahr und im Herbst einen erhöhten Prolaktinpegel aufweisen, können unter Umständen Veränderungen in Bezug auf die Reizschwelle bemerkt werden.

Der sonst im Alltag so umgängliche und liebe Golden Retriever ist nicht plötzlich psychisch gestört, nur weil er, entgegen seines sonstigen Verhaltens, plötzlich Besuch an der Tür nicht mehr freudig begrüßt, sondern anknurrt, wenn sein Frauchen schwanger oder ein Baby im Hause ist. Bedingt durch die enge Beziehung zu seinem Sozialpartner Mensch, ist er durch die neue Situation Schwangerschaft oder Familienzuwachs eventuell hormonell auf Jung-

Hier beobachten Mutter und Tante der Welpen aufmerksam die Umgebung, um bei Gefahr sofort den Nachwuchs schützen zu können.

tierverteidigung eingestellt und kann anders reagieren, als bislang von ihm gewohnt! Natürlich gilt dies auch für andere Rassen und Mischlinge ...

3. Das große Feld **Wettbewerb und Ressourcen**

Unter Ressourcen versteht man alles, was ein Individuum gerne haben möchte. Das können umstrittene, knappe Güter wie Futter bei Nahrungsknappheit sein, aber auch situativ beanspruchte Dinge. Die Wettbewerbsaggression steht unter direktem Einfluss der Hormone Testosteron und Östrogen. So ist beispielsweise Sexualaggression der Statusaggression zuzuordnen. Sexualhormone steigen und fallen in Abhängigkeit zum Status, die Aggressionsbereitschaft verhält sich analog. Allgemein bekannt ist die Revierverteidigung (an welcher **alle** Mitglieder der sozialen Gruppe beteiligt

Aus Spiel **mit** einer Beute kann leicht Kampf **um** eine Beute werden! Bei beutemotivierten Hunden sollte daher in Gegenwart Anderer nicht mit einem Beuteobjekt gespielt werden, um aggressive Auseinandersetzungen zu vermeiden.

sind), die individuelle Statusverteidigung und die ebenfalls individuell zu sehende Bestrebung, den eigenen Rang nicht zu verlieren. Die Wettbewerbsaggression ist gekennzeichnet durch eine längere Eskalationsphase, sie tritt nicht plötzlich auf, sondern entwickelt sich.

Wichtig:

Beutefangverhalten ist **keine** Form von Aggression! Kein jagendes Tier ist »böse« auf sein potentielles Opfer und läuft aus diesem Grund hinter ihm her!

Konflikt und Konfliktmanagement

Zwischen Lebewesen entstehen immer wieder Konflikte, egal, ob Mensch, ob Tier, das gehört zum Leben dazu. Dabei sind die Konfliktsituationen nicht auf die Inhalte der oben erwähnten Aggressionskategorien beschränkt, sondern um weitere soziale Dinge wie Zeit, Motivation u.a. erweitert. Die Frage ist nur, wie mit diesen Konflikten umgegangen wird; es bedarf Strategien zum Konfliktmanagement. In stabilen sozialen Systemen funktionieren in der Regel die Problemlösungsansätze inklusive der notwendigen Versöhnungsgesten und der Respektierung bestimmter Dinge.

Das soziale Umfeld spielt beim Erlernen von Konfliktlösungsstrategien eine große Rolle. Wie bereits erwähnt, wirkt sich Isolation ausgesprochen negativ aus. Nicht zuletzt deshalb, ist Isolation als Erziehungsmittel eine abzulehnende Maßnahme! Auch wird dadurch erklärbar, warum häufig reine Zwingerhunde »austicken«, wenn sie ihren Gitterstäben entkommen können.

Nachgewiesen wurden selbst vorgeburtliche Umwelteinflüsse und sozialer Stress während der Trächtigkeit auf die Aggressions- und Kampfbereitschaft der Nachkommen.
Auch die Pubertät ist als Entwicklungsphase von großer Bedeutung, da in dieser Phase die Regeln für das Gruppenleben erlernt werden. Der Hundebesitzer muss sich klar vor Augen halten, dass Antiautorität gerade in dieser Zeit keine Souveränität vermittelt! Jetzt müssen Grenzen und Regeln gelernt werden. Ein Segen, wer seinem pubertierenden Rüden nun häufig Kontakt zu souveränen, sozial korrekt agierenden Altrüden bieten kann! Grundsätzlich ist im ersten Lebensjahr viel Kontakt zu Artgenossen – bei optimalem Verlauf! – förderlich für das Sozialverhalten. Verhaltensanpassungen können hierbei durch Lernen am Erfolg gefestigt und optimiert werden.

Eine Eingliederung in eine Rangordnung erfolgt bei Jungtieren bereits in sehr frühen Entwicklungsstadien. Bei geselligen Tieren tritt das Rangordnungsverhalten nach dem Spielverhalten auf, bei solitären Tieren ist es umgekehrt. Bereits in der fünften bis sechsten Woche ist es feststellbar, eine Stabilisierung erfolgt aber erst später. Hunde, die innerhalb

Spielerische Unterrichtsstunde zu »Mein und Dein«. Deutlich ist zu sehen, worum es geht – um den Ball. Die Althündin demonstriert über Vorderkörpertiefstellung und zielgerichtetem Blick, dass sie zu einem Beutespiel bereit wäre. Der Welpe respektiert aber die Überlegenheit der Älteren und der Ball, der seinen situativen Lehrzweck erfüllt hat, wird für beide Hunde uninteressant.

der Geschwisterschar im mittleren Rangord-nungsfeld liegen, zeigen mehr Spielverhalten und sind bindungsfähiger. Sie sind am ehesten geeignet als vierbeinige Familienmitglieder für weniger hundeerfahrene Haushalte und für Familien mit Kindern. Rangtiefste Welpen bleiben meist ihr Leben lang rangtiefe Lebewe-sen, zeigen kaum Spielverhalten und werden zu Einzelgängern oder Prügelknaben.

Offensives und defensives Drohverhalten

Je nach Individualität des Tieres und nach sub-jektiver Einschätzung der Konfliktsituation wird defensives oder offensives Drohverhalten gezeigt. Innerhalb einer sozialen Gruppe wären ständig aufkommende Kämpfe mit Beschädi-gungsabsicht fatal. Das Risiko, selber verletzt zu werden, ist letztlich ebenso groß, wie die Gefahr, durch Verletzung Anderer die Stärke der Gesamtgruppe zu schwächen, was letztlich die Überlebenschancen des Einzelnen wiede-rum reduziert. Daher haben sich bei Wildtieren ritualisierte Kämpfe, sogenannte Komment-kämpfe, im Laufe der Evolution etabliert. Ob defensiv oder offensiv gehandelt wird, hängt dabei wesentlich vom Selbstbewusstsein des einzelnen Tieres und von der Chance ab, eine Auseinandersetzung zu Gunsten der eigenen Interessen zu entscheiden. Es geht um eine reine Kosten-Nutzen-Abwägung.

Aggressives Verhalten, das beim Gegenüber passive Unterwerfung auslöst.

Gegenüberstellung von offensivem und defensivem Drohen

defensives Drohen	offensives Drohen
Körper abgeduckt	Körper aufrecht, maximal gestreckte Beine
Kopf abgesenkt	Kopf erhoben oder etwas abgesenkt
Blick unstet, nicht fixierend	Blick starr fixierend
Ohren angelegt und nach hinten gezogen	Ohren nach vorn gerichtet oder nur leicht nach hinten gelegt
Maul eventuell aufgerissen	Maul ist geschlossen
Lefzen nach hinten gezogen, so dass ein langer Maulwinkel entsteht	Lefzen hochgezogen, kurzer Maulwinkel
Zähne entblößt, gefletscht	nur der vordere Bereich der Zähne ist zu sehen
Fell eventuell gesträubt	Sträuben der Hals- und Nackenhaare
Rute eingeklemmt	Rute hoch erhoben
entsteht diffus	entsteht häufig aus Imponierverhalten

Hunde mit Ringelrute sind in ihrer Kommunikation etwas eingeschränkt, können aber bei defensivem Drohen auch die Rute absenken. Beim offensiven Drohen wird die Rute deutlich »strammer« über den Rücken geringelt.

Häufige Alltagsprobleme
... in der Familie

Die klare, hundverständliche Eingliederung des Vierbeiners ist ebenso auch notwendig in die soziale Gruppe »Familie«. Erfährt der Hund keine Einweisung in seine Position, so wird er seinerseits versuchen, die Familienmitglieder nach seinen Vorstellungen zu sortieren. Leider ist er dabei meist erfolgreicher als umgekehrt, mit nicht selten fatalen Folgen.

Immer wieder hört man in Hundebesitzerkreisen, dass ein Vierbeiner angeblich plötzlich geschnappt oder gar zugebissen habe. Ein intensives und konkretes Nachfragen nach dem Wann, Wie und Wo bringt aber doch stückchenweise ans Licht, dass es eine Eskalationsphase gegeben hat. In kleinen und kleinsten Schritten probiert unsere Fellnase aus, was sie sich erlauben kann und was nicht, wie weit sie beim Menschen gehen kann. Ein regelrechtes Austesten findet – oftmals vom Menschen gar nicht oder erst sehr spät bemerkt – statt.

Die Verhaltensbiologen weisen zu Recht darauf hin, dass mit Beginn der Pubertät eine weitere, sehr sensible Entwicklungsphase einsetzt. Beim Familienhund sind in dieser Zeit bestimmte Verhaltensweisen immer wieder zu beobachten, die allesamt darauf abzielen, sich vermehrt in den Lebensmittelpunkt zu stellen und Aufmerksamkeit zu erheischen:

● Der Vierbeiner stupst seine Leute an, bringt ihnen eventuell Spielzeug, fiept oder bellt sie an.

- Nehmen sich die »Hundeeltern« in den Arm, so drängt sich ihr Hund mit dem gewinnensten Augenaufschlag dazwischen. Vergleichsweises passiert, wenn Eltern ihre Kinder in den Arm nehmen wollen.

- Der Hund liegt bevorzugt in der Küche vor oder hinter der »armen« Hausfrau, die beim Kochen große Probleme hat, um nicht über den vierbeinigen Hausgenossen zu stolpern.

- Mit »grenzenloser Treue« (ver-)folgt der Hund den Menschen auf Schritt und Tritt (sogar bis auf die Toilette ...).

- Mit unglaublichem Geschick entwickelt die Fellnase Strategien, um beim Menschen eine für ihn Vorteile bringende Reaktion auszulösen: Hundi rennt zur Türe, schaut sich bettelnd um und schwups springen seine Menschen auf und öffnen, wie ein gut ausgebildeter Butler, die Türe, weil Hundi ja vielleicht mal Pipi machen muss.
  Ähnliches Szenario kann sich abspielen, wenn Herrchen mit seinem Kumpel am Telefon über die neuesten Fußballergebnisse fachsimpeln möchte. Kurz nach Beginn des Gesprächs fängt Hundi an zu kläffen. Da Herrchen nun ohnehin nichts mehr versteht, beendet er das Gespräch und wendet sich seiner vierbeinigen Nervensäge zu, damit die endlich ruhig ist.

- Gern legt sich der Hund auch immer genau da hin, wo seine Leute an ihm vorbei müssen. Er bleibt gemütlich liegen (und darf das nach Meinung der Menschen auch), obwohl sich Herrchen, Frauchen oder die anderen Familienmitglieder fast die Beine verbiegen, um wenigstens einigermaßen gefahrlos über den Vierbeiner steigen zu können. Die Haltungsnote des Zweibeiners wird negativ beeinflusst, wenn dabei auch noch das Tablett mit dem Essgeschirr balanciert werden muss!

- Beim Spaziergang läuft Bello so »ganz zufällig« permanent seinen Menschen vor die Füße, so dass diese abstoppen müssen, um nicht hinzufallen.

- Kommt Besuch ins Haus, startet sofort der Wettlauf zwischen Mensch und Hund: »Wer ist als erster an der Tür?«

- Systematisch erobert Herr oder Frau Hund Bett und Couch und fühlt sich pudelwohl darauf. Da es dort für Mensch und Hund eh´ zu eng ist, muss der Vierbeiner auch bald gar nicht mehr knurren, um den Platz für sich allein zu beanspruchen. Und Besucher haben in der Folge dann irgendwann sowieso nichts mehr im Wohnzimmer zu suchen, wenn der Hund gerade ruhen möchte!

- Überhaupt wird es bei Besuch immer wichtiger, dass keiner sich unangemeldet bewegt oder womöglich selbständig aufsteht, sonst kann es passieren, dass Hundi seinen Unmut nicht nur durch grollendes Knurren äußert, sondern auch mal in die Hose oder sonst wohin zwickt.

Dies sind nur einige von vielen, gar nicht selten vorkommenden Situationen im Alltag, in denen der Vierbeiner austestet, was er sich erlauben kann. Oft werden diese Tendenzen vom Menschen gar nicht wahrgenommen oder wohlwollend übersehen, ist er doch allzu sehr geneigt, für alles, was der geliebte Vierbeiner so macht, eine – vermeintlich plausible – Entschuldigung zu suchen:

- Er liegt ja da nur in der Tür, weil es da so schön kühl ist.

- Der Besuch hat ihn aber auch so komisch angeschaut.

- Er geht jetzt nur auf die Couch, weil die Oma es ihm einmal erlaubt hat.

- Wenn er so bellt, muss er bestimmt mal Pipi machen.

- Wenn ich mit meiner Frau schmuse, dann ist er bestimmt eifersüchtig, er ist ja wie ein Kind für uns.

- Er kommt nur mit in die Küche, weil er Hunger/Durst hat.

Kann der Vierbeiner sich in vielen solcher Situationen durchsetzen, und das auch noch über einen längeren Zeitraum, so wird ihm vermittelt, dass er das Sagen hat und er somit auch berechtigt ist, seine erworbenen Rechte im Zweifelsfall mit den Zähnen durchzusetzen. Dieses Verhalten beschränkt sich aber zusehends nicht mehr auf die ausgetesteten Fälle, sondern der Hund generalisiert dies im Alltag. Aus diesem Grunde kommt es dann eben zum Beißen auch in anderen Situationen.

Aus dem Beschriebenen wird deutlich, wie wichtig es ist, dem Hund mit Geduld und Konsequenz seine Grenzen zu zeigen, Regeln aufzustellen und diese Grenzen und Regeln auch durchzusetzen.

... bei Hundebegegnungen

Fast jeder träumt davon, doch viele haben Angst davor – oder sind zumindest sehr unsicher und verunsichert: Freispiel auf der Hundewiese, Treff mit anderen Hundehaltern, Hundebegegnungen im Alltag! Ob das wohl Spaß macht, wenn ich mit Bello zu der Wiese gehe, wo immer viele Hunde so schön miteinander laufen? Ob das wohl gut geht, wenn dieser freilaufende Hund weiter auf uns zukommt und mit Bella Kontakt aufnimmt? Ob das wohl ohne Theater möglich ist, die entgegenkommenden Leute mit Hund zu passieren?

Die Körpersprache der Vierbeiner gibt uns eigentlich viel Aufschluss und zeigt an, wie die Hunde sich fühlen, wie sie in diesen Situationen gestimmt sind. Doch verstehen wir

Souverän agierende Althunde setzen Jungtieren verständlich und konsequent Grenzen.

sie zu deuten? Wie verhalten sich die Hunde? Was können wir beobachten? Laufen die Vierbeiner frontal aufeinander zu oder beschreiben sie einen Bogen? Sind ihre Bewegungen hektisch und übereilt oder eher verlangsamt und bedächtig? Und wenn sie sich dann gegenüberstehen, sind sie dann stocksteif und hochaufgerichtet und fangen an, langsam staksend umeinander herumzulaufen oder welche Aktionen zeigen sie sonst?

Der junge Elorüde zeigt alle körpersprachlichen Signale des Imponierens.

Imponierverhalten kann auch in offensives Drohen übergehen.

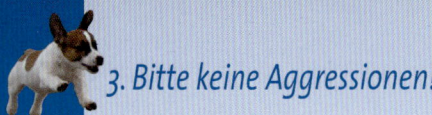

Bei der Begegnung zwischen Hunden werden eine Vielzahl von Signalen ausgetauscht, die über den weiteren Verlauf entscheiden.

Imponieren

Ist der Körper angespannt, die Rute und der Kopf hoch erhoben, wobei die beiden Kontrahenten sich gut im Auge behalten, aber sich nicht fixieren, so zeigen die Hunde Imponiergehabe. Manchmal sind dabei auch die Nacken- oder Rückenhaare aufgestellt, um sich optisch noch größer zu machen, als man ist. Dieses Imponiergehabe soll ernsthafte Auseinandersetzungen vermeiden. Es wird dem Gegenüber Überlegenheit demonstriert: Leg´ dich nicht mit mir an, es wäre schlecht für dich!

Begegnen sich hierbei zwei statusgleiche Hunde, so kommt es häufig anschließend zu ritualisiertem Markierverhalten. Der eine Vierbeiner markiert einen Busch, der andere markiert darüber, um gleich an eine andere Stelle erneut zu markieren, was vom ersten wieder übermarkiert wird usw.

Die Situation kann aber auch in eine aggressive Kommunikation übergehen. Fixieren, Knurren, Anrempeln, Schnappen usw., wenn keiner der Beiden nachgeben will. Diese Verhaltensweisen in ihrer Gesamtheit sind gehemmt und sollen eine ernste Auseinandersetzung verhindern. In diesem Zusammenhang ist es wichtig, zwischen ritualisierten Kampfverhaltensweisen (Kommentkämpfen) und effektivem Beschädigungskampf zu unterscheiden. Kommentkämpfe zielen darauf ab, Konflikte mittels Übersendung von Drohsignalen und Hinweisen zur individuellen Kampf- und Eskalationsbereitschaft weitestgehend verletzungsfrei zu lösen. Sie bedienen sich einer genau festgelegten und untereinander bekannten, somit vorhersehbaren Abfolge von Verhaltensweisen und sind im Tierreich weit verbreitet. »Da die meisten Auseinandersetzungen mit Drohsignalen beginnen, und oft auch nur durch Drohungen entschieden werden, zumal bei Caniden, muss die Gegnereinschätzung zunächst auf dessen Drohsignalen beruhen. Sie können Anzeiger seiner Kampfkraft als auch seiner Kampf- bzw. Eskalationsbereitschaft sein.« (Feddersen-Petersen, 2004)

Wichtig:

Das Zitat von Feddersen-Petersen macht deutlich, wie wichtig es für den Hundehalter ist, sich mit dem Aussehen und der Bedeutung von Drohsignalen auseinanderzusetzen und ritualisiertes Verhalten erkennen zu können! Das Einmischen in eine derartige »laufende« Kommunikation zwischen zwei Hunden führt nicht selten zur Eskalation und zu ernsthaften Beschädigungen, die hätten vermieden werden können. Dennoch darf nicht in jeder Situation dem Geschehen freier Lauf gewährt werden nach dem Motto: Hunde machen alles unter sich aus! Die Beachtung der jeweiligen Körpersignale des eigenen und des fremden Hundes in der bestimmten Situation geben Aufschluss über die Gestimmtheit der Hunde.

Neutralität

Laufen die Hunde kurz vor Erreichen des Entgegenkommenden in einem leichten Bogen aufeinander zu, um dann umeinander herumzulaufen und den Analbereich zu beschnüffeln, so begegnen sie sich in relativ neutraler Haltung. Die gesamte Körpersprache der Hunde ist hierbei meist entspannt, die Rute wird locker getragen, der Gang ist leicht federnd und mit natürlich gewinkelten Gelenken, die Ohren werden eher seitlich gehalten. Der Blick ist offen, das Maul häufig leicht geöffnet und vermittelt den Eindruck eines Lächelns. Die Hunde scheinen sich nach dem Motto zu begegnen:

Hey, wer bist Du? Wollen wir vielleicht ein bisschen zusammen toben?

Und wirklich entwickeln sich aus diesen Begegnungen von fremden Hunden nicht selten echte Spielszenen. Meist wirft sich einer der Beiden in die zum Spiel auffordernde Vorderkörpertiefstellung. Geht das Gegenüber darauf ein, so entsteht eine gelöste Atmosphäre, in welcher die Hunde miteinander laufen und spielerisch agieren. Will der Aufgeforderte nicht mitmachen, so entzieht er sich der Begegnung einfach und geht weiter seines Weges. Es war ja nur ein Angebot!

Spiel wird angeboten, muss aber nicht angenommen werden. Auch dem Menschen gegenüber werden Spielaufforderungen gezeigt, die ruhig auch einmal unbeantwortet bleiben dürfen!

Unsichere Hunde zeigen in Begegnungssituationen oft Gesten der passiven Unterwerfung: sie klemmen die Rute ein, der Kopf wird abgewendet, die Ohren sind angelegt. Insgesamt machen unsichere Hunde sich klein, ihre Bewegungen sind extrem verlangsamt. Wenn sie überhaupt mit der Rute wedeln, dann nur ganz zaghaft mit der hintersten Spitze! Ein kläglicher Versuch zu signalisieren, dass sie eigentlich ganz nett und freundlich sind und nichts Böses im Sinn haben, obwohl sie selber an ihr Recht zur Kommunikation nicht so wirklich zu glauben scheinen.

Im Unterschied zur oben beschriebenen passiven Unterwerfung wirkt die aktive Unterwerfung auf den Betrachter geradezu aufdringlich und ist durch eine hohe Bewegungsintensität gekennzeichnet. Dem Gegenüber werden die Lefzen geleckt, Blickkontakt wird aufrechterhalten (aber nicht im Sinne von Fixieren!), die Rute kann auch hierbei geklemmt getragen werden oder bewegt sich wie ein Propeller.

Sich aktiv unterwerfende Hunde machen sich ebenfalls klein, rutschen fast auf den Ellenbogen um ihr Gegenüber herum und die Ohren sind angelegt. Aktive Unterwerfung wird vom Gegenüber nicht eingefordert, sondern freiwillig vom sich Unterwerfenden gezeigt, teils mit anbiedernder Intensität.

Aktive Unterwerfung wird deutlich von Welpen der Mutterhündin gegenüber gezeigt, ist aber auch bei Junghunden im Zusammensein mit gestandenen Alttieren zu beobachten. Und nicht zuletzt zeigen es Hunde auch ihrem Menschen gegenüber.

Wichtig:

Beschwichtigungssignale und Unterwerfungsgesten dienen allesamt der Eskalationsvermeidung zwischen Hunden, aber auch der zwischen Hund und Mensch.

Aktive Unterwerfung wirkt aufdringlich und anbiedernd. Das Gegenüber beantwortet das Gewusel meist mit arrogant-stoischer Überlegenheit.

Offensichtliche aktive Unterwerfung des Welpen der gestandenen Althündin gegenüber.

Gegenüberstellung aktive / passive Unterwerfung

aktive Unterwerfung	passive Unterwerfung
Körper abgeduckt	Körper abgeduckt
Blickkontakt wird gesucht und aufrecht erhalten	Blick wird abgewendet
Ohren werden nach hinten gelegt	Ohren werden nach hinten gelegt
schmaler Lippenspalt	Maulwinkel werden nach hinten gezogen (submissive grin)
Lecken der Maulwinkel des Gegenübers	Lecken der eigenen Maulwinkel
Rute herabhängend oder eingeklemmt	Rute eingeklemmt
hohe Bewegungsintensität des Körpers und der Rute	wenig Bewegungsintensität des Körpers und der Rute
schnelle Bewegungen, fast hektisch wirkend	verlangsamte Bewegungen, »slow-motion«
eventuell Pföteln und/oder Urinabsatz	eventuell Pföteln und/oder Urinabsatz
wird vom sich Unterwerfenden freiwillig gezeigt	wird vom Gegenüber durch Drohverhalten etc. eingefordert und als Reaktion hierauf gezeigt
wirkt sehr aufdringlich	wirkt deutlich devot

Beschwichtigung zur Konfliktvermeidung

Die bereits erwähnten Beschwichtigungssignale, die zutreffender als Konflikt vermeidende Signale bezeichnet werden, werden häufig mit Signalen der Unterwerfung und mit Übersprungshandlungen in einen Topf geworfen. Daraus ergibt sich dann ein undefinierbarer Brei von nicht mehr sauber abzugrenzenden Verhaltensweisen, die in unpassenden bis falschen Kontext gesetzt werden. Gansloßer erörtert einleuchtend, dass nur die zur Konflikt- und Eskalationsvermeidung eingesetzten Signale echte Beschwichtigungssignale sind. Dahingegen sind Signale, die auf einen inneren Konflikt eines Tieres schließen lassen und anzeigen, dass bei diesem momentan zwei konträre Motivationsfaktoren (z.B. Flucht oder Angriff) wirken, der Submission (Unterwerfung) zuzuordnen. Oder sie sind Ausdruck von innerer Anspannung, die sich in Übersprungshandlungen äußert. »Das Erkennen von Signalen und die korrekte Deutung ist hilfreich, um den Hund besser zu verstehen und seine Reaktionen sowohl Artgenossen als auch Menschen gegenüber richtig einzuschätzen – konfliktträchtige Situationen können so vermieden werden. Doch es kann fatale Folgen haben, wenn fast alle Aktionen eines Hundes von Menschen als Beschwichtigung aufgefasst werden. Man könnte einem ständig beschwichtigenden Hund keine klare Grenzsetzung in der Erziehung zumuten und degradiert ihn damit zu einem zerbrechlichen, extrem sensiblen Tier.« (Meyer, 2006)

Der Kleine fühlt sich unwohl in der Situation und zeigt beschwichtigendes Verhalten in Form von Maulwinkellecken (licking intention).

nalen berichtet, diese allesamt der Kategorie »Beschwichtigungssignale« zuordnet und den Hundehalter sogar auffordert, diese Signale in der Mensch-Hund-Kommunikation zu imitieren, löst sie zu Beginn eine Welle der staunenden Begeisterung und handlungswilligen Mitmacherei aus. Plötzlich diente alles der Beschwichtigung des Tieres und der Beziehung zwischen Mensch und Hund. In der logischen Umkehr bedeutet dies aber auch, dass sich unsere Hunde und wir uns mit ihnen offenbar permanent in Konfliktsituationen befinden. Die Mensch-Hund-Beziehung also vordergründig als stressbehaftete Konfliktbeziehung statt Freude und Entspannung auslösendes Miteinander?

Kennzeichnend für Beschwichtigungssignale ist nach wissenschaftlichen Erkenntnissen, dass sie in konfliktträchtigen Situation häufiger gezeigt werden als in nicht konfliktbehafteten

Maulwinkellecken (licking intention) gilt als bestätigtes Beschwichtigungssignal. Zeigt der Hund dieses häufig auch dem Menschen gegenüber, so wird die Beziehung von ihm offenbar situativ häufig als konfliktbeladen empfunden.

Als vor etlichen Jahren die Norwegerin Turid Rugaas in ihrem Buch »Calming Signals« von fast 30 verschiedenen körpersprachliche Signalen und dass sie aggressionshemmend auf das Gegenüber wirken. Damit fallen viele von Rugaas beschriebenen Signalen gleich einmal unter

nalen berichtet, diese allesamt der Kategorie »Beschwichtigungssignale« zuordnet und den Hundehalter sogar auffordert, diese Signale in der Mensch-Hund-Kommunikation zu imitieren, löst sie zu Beginn eine Welle der staunenden Begeisterung und handlungswilligen Mitmacherei aus. Plötzlich diente alles der Beschwichtigung des Tieres und der Beziehung zwischen Mensch und Hund. In der logischen Umkehr bedeutet dies aber auch, dass sich unsere Hunde und wir uns mit ihnen offenbar permanent in Konfliktsituationen befinden. Die Mensch-Hund-Beziehung also vordergründig als stressbehaftete Konfliktbeziehung statt Freude und Entspannung auslösendes Miteinander?

Kennzeichnend für Beschwichtigungssignale ist nach wissenschaftlichen Erkenntnissen, dass sie in konfliktträchtigen Situation häufiger gezeigt werden als in nicht konfliktbehafteten

Maulwinkellecken (licking intention) gilt als bestätigtes Beschwichtigungssignal. Zeigt der Hund dieses häufig auch dem Menschen gegenüber, so wird die Beziehung von ihm offenbar situativ häufig als konfliktbeladen empfunden.

Als vor etlichen Jahren die Norwegerin Turid Rugaas in ihrem Buch »Calming Signals« von fast 30 verschiedenen körpersprachliche Signale berichtet, diese allesamt der Kategorie »Beschwichtigungssignale« und dass sie aggressionshemmend auf das Gegenüber wirken. Damit fallen viele von Rugaas beschriebenen Signalen gleich einmal unter

Die Kuvaszhündin zeigt hier kein beschwichtigendes Blinzeln, sondern genießt die Sonne auf der Löwenzahnwiese!

Als eine typische Übersprungshandlung wird das Sich-Kratzen angesehen.

Gähnen ist kein beschwichtigendes Signal! Selbst Welpen zeigen es in völlig entspannten und konfliktfreien Situationen, z.B. wenn sie müde oder gerade aufgewacht sind.

»Das von Rugaas als Beschwichtigungssignal genannte Gähnen ist eher den Übersprungshandlungen zuzuordnen. Übersprungshandlungen sind aber in Konfliktsituationen nicht besonders gut zur Beschwichtigung geeignet. Sie bringen einen Motivationskonflikt zwischen Flucht und Angriff zum Ausdruck, aber nicht den Wunsch, den Gegner zu beschwichtigen.« (Meyer, 2006)

Als wissenschaftlich belegte Beschwichtigungssignale gelten das Maulwinkellecken (licking intention), das Sich-klein-Machen, das Pföteln, die Blickvermeidung und einige weitere Demutsgesten. In bestimmten Situationen kann auch dem Absetzen von Harn in Verbindung mit einer unterwürfigen Körpersprache eine beschwichtigende Wirkung zugestanden werden. Da Beschwichtigungssignale in der Regeln »von unten nach oben« gezeigt werden, ist es für den Menschen nicht sinnvoll, auf den eigenen Hund mit beschwichtigendem Verhalten zu reagieren. Andererseits sollte der Hundehalter, der gehäuftes Beschwichtigungsverhalten seines Hundes ihm gegenüber feststellt, analysieren, was in der individuel-

den Tisch, da sie von Hunden ebenso häufig in Situationen gezeigt werden, in denen diese allein und/oder in völlig entspannter Verfassung sind, z.B. das angebliche Signal »Gähnen«.

len Mensch-Hund-Beziehung für seinen Hund konfliktbeladen und somit auch Stress auslösend ist! Zeigt der Vierbeiner seinen Menschen gegenüber jedoch niemals oben genannte Signale, so sollte auch dies Anlass zur Überprüfung der Mensch-Hund-Beziehung geben.

Pföteln ist eine typische Beschwichtigungsgeste, dient aber auch der sozialen Kontaktaufnahme, wie sehr häufig bei Welpen zu sehen. Erwachsene Hunde nutzen ihre Pfoten oft, um auf sich aufmerksam zu machen, daraus entwickelt sich das »Pfötchen-Geben«

Hunde brauchen Regeln und Grenzen, wie sie sie sich untereinander auch unmissverständlich setzen. Der Mensch ist gefordert, dies zu leisten.

»Allgemein werden Hunde ihren Besitzer nie als Rudelführer anerkennen, wenn dieser sie nur belohnt und/oder beschwichtigt und sie nie in ihre Schranken verweist – und damit ist nicht die Anwendung von Gewalt gemeint. Ein Hund ist ein Rudeltier und braucht klare Regeln, die ihm in den meisten Fällen nicht durch Beschwichtigungen seines Besitzers verständlich gemacht werden können. (…) Vor allem Welpen müssen häufiger von den älteren Hunden in ihre Schranken verwiesen werden (…).« (Meyer, 2006)

Gegenüberstellung Beschwichtigungssignal/Übersprungshandlung

Beschwichtigungssignal	Übersprungshandlung
angewandt in Konfliktsituation	angewandt in Konfliktsituation, aber auch in anderen stressbehafteten Momenten
soll Angriffstendenz mindern	Entscheidung Angriff oder Flucht noch nicht gefallen
Motivation Aggressionshemmung	Motivationskonflikt Flucht/Angriff
vorkommend in allen Bereichen des Sozialverhaltens	vorkommend in allen Bereichen des Sozialverhaltens
Verzicht auf evtl. umstrittene Ressource	Abwägung, ob Streit oder Verzicht
wird von Statusniederem dem Höheren gegenüber gezeigt	Statusgefälle keine Voraussetzung
sind von sexuellem oder infantilem Verhalten abgeleitete Verhaltensweisen	Verhaltensweisen sind gängige, aber zur Situation nicht passende Verhaltensweisen (Gähnen, Kratzen, Schnüffeln und andere)
als Signal sehr deutlich	als Signal eher diffus

Beschwichtigungssignale helfen, Konflikte zu bewältigen und Eskalationen zu verhindern. Sie wirken aggressionshemmend.

Wichtig:

Beschwichtigungssignale dürfen nicht mit Übersprungshandlungen verwechselt werden! Beide erfüllen unterschiedliche Zwecke und entspringen unterschiedlichen Motivationen.

4. Der unsichere oder ängstliche Hund

Unsicherheit, Angst und die Steigerung derselben, die in Phobien gipfelt, belastet den Hund in seiner Gesamtheit, also psychisch wie physisch, und bildet dabei den Ursachen-Pool für eine Vielzahl von gesundheitlichen Auswirkungen und von Problemverhalten, mit welchen der Halter und alle weiteren, mit dem Hund in Kontakt kommenden Menschen, konfrontiert werden. In der Praxis der Hundetrainer und Verhaltenstherapeuten, aber auch in der tierärztlichen Praxis, sind Angstproblematiken an der Tagesordnung. Doch wie kommt es dazu? Und was kann, soll, muss getan werden?

Diese Hündin zeigt durch ihre Körpersprache deutliche Unsicherheit/Angst vor dem Menschen und der zugreifenden Hand.

Vorsicht ist nicht gleich Unsicherheit und Unsicherheit nicht gleich Ängstlichkeit. Die Abgrenzung zu verstehen und sauber zu trennen ist notwendig, um angemessen agieren und reagieren zu können.

Grundsätzlich muss gesagt werden, dass eine gewisse Vorsicht und Furcht vor unbekannten, nicht abschätzbaren Dingen (auch Personen) für Wildtiere überlebensnotwendig und daher durchaus nicht anormal, geschweige denn pathologisch sind. Der draufgängerische, »toughe« Rambo-Typ wäre in natürlicher Wildbahn einem Selbstmörder auf Kamikaze-Trip gleichzusetzen, völlig untauglich, um das eigene Überleben und das Überleben der sozialen Gruppe, in welcher er lebt, zu gewährleisten. So gilt es für das freilebende Tier, in einem sicheren, klar strukturierten Sozialverband zu leben und Situationen und Umstände kennen und abschätzen lernen zu können, um daraus Kausalitäten abzuleiten. Im Wesentlichen ist dies für unsere Haushunde analog zu sehen.

Unterscheidung Furcht, Angst, Phobie, Panik

Um eine bessere Abgrenzung zu ermöglichen, wollen wir die Begriffe Furcht, Angst und Phobie zuerst zu definieren versuchen und greifen dabei zurück auf die Erläuterungen von Joël Dehasse. Nach Dehasse ist:

»**Furcht** (…) die mäßige Verhaltensreaktion eines Individuums auf einen unbekannten oder bekannten und als wenig gefährlich beurteilten Reiz in einem Milieu, das Flucht oder Exploration (Erkundung des Umfelds) erlaubt.

Angst ist die heftige Verhaltensreaktion eines Individuums auf einen unbekannten oder bekannten und als sehr gefährlich beurteilten Reiz in einem Milieu, das keine Flucht oder Exploration erlaubt. (…)

Phobie ist eine punktuelle Reaktion der Furcht oder Angst auf einen gut definierten, objektiven, wirklichen Reiz, der sich aber für das Tier als ohne wirkliche Gefahr erwiesen hat. (…)

Panik (Attacke) (ist eine) kurze und heftige Periode der Angst mit physischen Symptomen.«

Die Kuvaszhündin nähert sich neugierig, aber vorsichtig einem aufgespannten Schirm. Die leichte Verunsicherung erkennt man am etwas abgeduckten Kopf und den zurückgelegten Ohren. Als der Schirm sich bewegt, erschrickt die Hündin und flieht.

Diese Mixhündin hat sich erschrocken und versucht nun, in Panik zu fliehen.

Gansloßer präzisiert das Ganze und sagt: »Furcht richtet sich *gegen* etwas, was man erkennen kann, und aktiviert das Adrenalin-/Noradrenalin-System. Angst ist auf *nicht* greifbare allgemeine, unspezifische Empfindung von Gefahr und Bedrohung ausgerichtet und aktiviert daher das Cortisolsystem.«

Sinnvoll und hilfreich erscheint eine weitere Definition nach Dehasse: »**Pathologisch** ist ein Verhalten, das die Kapazität der Anpassung verloren hat. Es ist im Allgemeinen erstarrt, versteinert, rigide, verknöchert. Die Lernfähigkeit ist stark vermindert. Das Tier, das an einer Verhaltenspathologie leidet, hat Schwierigkeiten, mit seiner Umwelt zu interagieren und das pathologische Verhalten wirkt sich auf die normalen sozialen Aktivitäten aus.« (Dehasse, 2002)

Im Laufe eines Hundelebens gibt es eine Vielzahl von Umständen und Situationen, die Furcht, Angst (und deren Steigerung) auslösen können. Berücksichtigen wir die gegebenen Definitionen, so ist Dreh- und Angelpunkt der gesamten Misere in den meisten Fällen eine unzureichende und/oder fehlgeschlagene Gewöhnung an Reize und Reizsituationen. Zum Glück gibt es heutzutage eine Vielzahl von Veröffentlichungen, die die Notwendigkeit einer umfassenden Prägung des Welpen und des jungen Hundes darlegen. Wer noch immer der Meinung ist, dass ein Hundekind halt »irgendwie« groß wird, durchaus im Keller oder Stall seine ersten Lebensmonate verbringen kann, der versperrt die Augen und Ohren vor allen Erkenntnissen und macht sich schuldig an der Seele des Hundes, aber auch an allen Menschen, die in Zukunft mit diesem Hund

Deutlich zeigt die Hündin links ihre ängstliche Grundstimmung.

und seinen Problemen in Kontakt kommen. Ein Aufwachsen in reizloser oder -armer Umgebung zieht das nach sich, was die Wissenschaft unter dem Begriff »Deprivationsschäden« zusammenfasst. Gemeint sind hiermit Entwicklungsstörungen, die auf Erfahrungsentzug basieren. Die Auswirkungen derartiger Deprivationen sind mannigfaltig, äußern sich aber auch in übersteigerter Angst und gegebenenfalls daraus resultierender Aggression. »Ängstliche Hunde erleben ihre Umwelt immer wieder bedrohlich, es sei denn, sie sind noch in der Lage, Bewältigungsstrategien zu erlernen.« (Feddersen-Petersen, 2004)

Dehasse spricht in seiner Definition vom »unbekannten Reiz«, was den Lösungsansatz beinhaltet: Reize müssen kennen gelernt und verarbeitet werden können! Auch Coppinger betont die enorme Gewichtung auf (altersangemessene!) Reizkonfrontation und erklärt, dass Reize notwendig sind, um die neurona-

len Anlagen bestmöglich zu fordern und zu fördern. Die Reizübertragung beruht auf der sogenannten Synapsenbildung, welche zu 80% nach der 16. Lebenswoche abgeschlossen ist. Diesem Fakt muss in der Aufzucht des Hundes durch den Züchter und den Welpenkäufer Berücksichtigung geschenkt werden! Gut arbeitende Welpengruppen leisten diesbezüglich sinnvolle Dienste und unterstützen beratend den Hundebesitzer. Wie Sozialisierungsphase und Prägung im Züchterhaushalt aussehen sollten und was gut geführte Welpengruppen kennzeichnet, wird z.B. in unserem Buch »Was ein Welpe lernen muss« umfassend beschrieben. Betonen möchte wir daher hier nur nochmals, dass eine altersangepasste und welpengerechte Konfrontation mit verschiedensten optischen, akustischen, taktilen und olfaktorischen Reizen erfolgen muss. Außerdem sollte der Hund ausreichend Gelegenheit erhalten, in ruhiger, entspannter

Atmosphäre die unterschiedlichsten bewegten und unbewegten Objekte kennen lernen zu können, Menschen und Tiere erleben zu dürfen und sein Kommunikationsrepertoire im positiv gestalteten Umgang mit Artgenossen zu schulen und zu erproben.

In diesem Zusammenhang sei aber auch explizit auf die Ausführungen Gansloßers hingewiesen, der deutlich betont, dass Alter und Entwicklungsstand Einfluss nehmen auf die Reizbewertung und Reizbewältigung! Jegliche Entwicklung hat ihre Zeitspanne im Leben des Tieres (und auch des Menschen!). Unangemessene Konfrontation mit Reizen führt leicht zur Überforderung, was beim Tier (wie beim Menschen auch) zu Stress und Stresssymptomen führt. Stress steht immer im kausalen Zusammenhang mit Hormonen. Die Hormone des Nebennierenmarks – Adrenalin und Noradrenalin – bereiten auf Schwierigkeiten vor,

Das Beschnuppern der Analregion gehört zum Vorstellungs- und Begrüßungszeremonial dazu. Wer lieber nicht »erkannt« werden möchte, der versucht, so wenig wie möglich Geruchsbotenstoffe von sich preiszugeben. Der ängstlichen Hündin ist der Kontakt zum schwarzen Artgenossen sichtlich unangenehm. Sie »friert ein« und zieht die Rute eng unter den Körper.

die vom Lebewesen aktiv bewältigt werden müssen. Die Netzhaut wird stärker durchblutet, was zu verstärkter Sehkraft führt. Die Herzfrequenz erhöht sich, der Herzschlag wird beschleunigt. Die Blutgerinnungsfähigkeit steigt, das Blut wird dicker. Energie wird benötigt und der Zellstoffwechsel wird angeregt. Gegenspieler des Nebennierenmarks sind die Stoffe der Nebennierenrinde, die Glucocorticoide. Eine Erhöhung der Glucocorticoide zieht eine Senkung des Serotonins nach sich, was z.B. Depressionen verursacht. Anhaltender Stress kann krank machen, das Immunsystem herabsenken, zu Hauterkrankungen führen, das Tumorrisiko vergrößern und lässt sogar unter Umständen Diabetis II entstehen.

Aufgrund der vorangegangenen Ausführungen ist nun vielleicht auch leichter verständlich, dass es Tiere gibt, die zum Zeitpunkt der Pubertät, aber auch Hündinnen bei späteren Läufigkeiten ängstlicher und unsicherer erscheinen können: Die Veränderungen im Hormonhaushalt wirken sich aus. Sind die Verhaltensänderungen in dieser Zeit sehr schwerwiegend und offensichtlich, so empfiehlt es sich, den Tierarzt gezielt auf diese Problematik anzusprechen und den Hormonstatus bestimmen zu lassen, um eventuelle krankhafte Verhältnisverschiebungen aufzudecken. Die nicht selten angeratene Kastration ist aber nicht das Allheilmittel schlechthin (siehe »Kleiner Exkurs zum Thema Kastration und Angstverhalten«, Seite 61)!

Auch beim Menschen kennen wir stressbedingte Reaktionen wie die regelrechte »Totalverweigerung«, Apathie und eine generalisierte Hilflosigkeit. Im optimalen Fall lernt das Tier am Erfolg, sein Verhalten wird den erfahrenen Erfolgserlebnissen angepasst. Das überängstliche Tier lernt am Misserfolg und richtet sein Verhalten gemäß diesen negativen Lernerfahrungen aus. Das kann im Extremfall sogar dazu führen, dass das Tier das Haus nicht mehr verlassen will, weil jeglicher Spaziergang für es zur psychischen Tortur wird – für den Besitzer zumeist auch, was diese Situation zusätzlich erschwert (man bedenke den Aspekt der Stimmungsübertragung!).

Bei der Erziehung und dem Training muss Überforderung vermieden werden. Die gestellten Aufgaben müssen für den Hund zu bewältigen sein, damit ihn die Situation (und die Reaktionen des Menschen) nicht verun-

Ängstlichen Hunden muss durch verständnisvolle Führung geholfen werden.

sichern und ängstigen. Hierbei ist besonders eins zu beachten: Ein ängstlicher Hund **kann** nur erschwert lernen und **darf** für seine Angst **nicht** noch bestraft werden! Außerdem hat Strafe allein einem Lebewesen noch nie neue Verhaltensweisen beigebracht.

Angst ist erlernbar!

Angst kann durch Nachahmung auch erlernt werden! Somit helfen die umfangreichsten Bemühungen des Züchters wenig, wenn dem Welpen durch die Mutter unangemessene Angst und aversives Verhalten vorgelebt wird. Auch der Wunsch, seinem ängstlichen Hund einen zweiten zur Seite zu stellen, damit dieser gestärkt werde, ist zumeist zum Scheitern verurteilt. Wahrscheinlicheres Resultat wird sein,

in naher Zukunft zwei ängstliche Vierbeiner zu beherbergen, die sich gegenseitig in ihren Abwehrmechanismen hochschaukeln. Eine Vielzahl von aggressiven Verhaltensweisen des Hundes sind nicht in ihrem Rangstreben zu sehen, sondern sind erlernte Strategien, sich unerwünschte, weil beängstigende Konfrontationen vom Hals zu halten, getreu dem Motto: »Angriff ist die beste Verteidigung.« Und der Begriff des »Angstbeißers« ist wohl jedem bekannt und schwebt als Schreckgespenst über vielen Mensch-Hund-Beziehungen. Wo Flucht (flight) nicht möglich ist, da wird der Kampf (fight) schnell zum adäquaten Mittel.

Das Feld der **»erlernten Angst«** ist größer als man denkt und vom Hundehalter häufig gar nicht oder zu wenig bedacht. So kann ein sich Annähern an den Hund auf menschlicher Verstandesebene zu Fehlinterpretationen und -reaktionen führen. Es geht nicht darum, wie ein Mensch mit seinen arteigenen Verstandesmöglichkeiten eine Situation bewertet und in dieser reagieren würde. Vielmehr muss die Situation mit hundlichen Augen betrachtet und bewertet werden. Ein häufig zu erlebendes, weit verbreitetes Phänomen ist die Reaktion des Menschen auf Angstsymptome des Hundes, z.B. beim Tierarzt, beim Gewitter und in anderen Situationen. Natürlich würden wir einem ängstlichen Kind Trost zusprechen, es auf den Schoß nehmen und ihm über verstärkte Nähe zu uns Schutz und Geborgenheit symbolisieren. Dieses Verhalten wird nur zu oft eins zu eins auf den Hund übertragen – mit gegenteiligem Erfolg! Der Hund wird seine Angstsymptomatik nicht verringern, sondern in der Regel steigern. Hunde als Opportunisten sind stets auf ihren Vorteil bedacht. In diesem Zusammenhang besteht der Vorteil, der von ihnen gewonnen wird, eindeutig in der sozialen Nähe und Zuwendung des Besitzers, welche im gleichen Maße steigt, wie die Angstsymptomatik gezeigt wird. Es lohnt sich also, Angst zu zeigen – und was sich lohnt, wird zumindest beibehalten, evtl. sogar verstärkt! Dennoch soll nicht behauptet werden, dass einem Hund nicht Schutz und Beistand geboten werden könnte und dürfe. Sucht der ängstliche Hund die Nähe des Menschen, so soll diese ihm ruhig und besonnen geboten werden, und er soll erleben können, wie die ihm Angst einflößende Situation vom Menschen souverän durchstanden wird. So hat er die Chance, sich

Sozio-positive Erfahrungen in der Jugend stärken das Selbstbewusstsein und das Vertrauen in die Welt.

mit seinem Verhalten – zumindest ansatzweise – am Menschen zu orientieren und vielleicht zu »erlerntem Mut« zu finden. Bedenken wir auch, dass es gerade Indiz für ein anführendes, leitendes Lebewesen ist, Schutz zu bieten und souveräne Stärke vorzuleben. Einem solchen »Anführer« kann man vertrauen – und angstfreies (bzw. -reduziertes) Leben hat immens viel mit Vertrauen zu tun!

Eine massive oder immer wiederkehrende Negativerfahrungen (z.B. Beißattacken, Mobbing, unangemessene Behandlung durch den Menschen) führen zu erlernter Angst; es gibt nicht nur »trainierte Gewinner«, sondern auch »trainierte Verlierer«. Mobbingopfer finden wir unter Hunden gelegentlich bereits in Welpengruppen und es ist Pflicht des Gruppenleiters, dieses zu erkennen und die Situation zum Wohle des gemobbten Hundes zu entschärfen, die Gruppe zu teilen und/oder das »Opfer« in andere Gesellschaft zu integrieren, um weitreichende Schäden zu vermeiden. Nicht selten werden in der Jugend gemobbte Hunde ihr Leben lang zu Prügelknaben.

Kommunikationsprobleme können ebenfalls zu angstgeprägtem Verhalten führen. Hierbei sind verschiedenste Störungen der Kommunikation möglich. Innerartliche Kommunikation wird nicht selten durch den Menschen behindert. Nicht erst seit Turid Rugaas sind konfliktvermeidende Signale bekannt (»Calming Signals« – die wir lieber als konfliktvermeidende Signale übersetzen, statt als Beschwichtigungssignale!), doch erhielten sie durch diese weitere Verbreitung und Beachtung. Manch ein unsicherer Hund würde einer Hundebegegnung gern durch den sprichwörtlichen Bogen entgehen. Dies arttypische, völlig normale Verhalten wird durch den Menschen und dessen verbissener »Fuß-Manie« ad acta gelegt. Der sich schon deutlich streubende, am liebsten »unter der Grasnarbe verschwindende« Vierbeiner wird von seinem Menschen, der offenbar eigene Stärke und Führungsposition in Frage gestellt sieht, am Gegenüber vorbeigeschleift, womöglich noch mit Hund-gegen-Hund-Begegnung.

Viele Hunde reagieren auf einen unsicheren Hund erst recht aggressiv, was beim ängstlichen Hund zusätzliches Unbehagen auslöst. Dabei wäre es so einfach, dem Hund einen ausweichenden Bogen zuzugestehen und die Begegnung so zu gestalten, dass mindestens ein Mensch zwischen den Hunden geht (siehe auch »Häufiges Alltagsproblem: Hundebegegnungen«, Seite 36).

Ebenfalls völlig unangemessen ist die Angewohnheit einiger Hundehalter, den Hund zu angstauslösenden Dingen und/oder Personen hinzuziehen, damit er »lernt«, dass ihm dort nichts geschieht. Ruhe, Geduld und die eigenständige Annäherung des Hundes an das Subjekt oder Objekt des Unwohlseins zu ermöglichen, wäre erfolgversprechender. Leicht kann man sich hierbei die hundetypische Neugierde zunutze machen!

Dieser ungarische Puli ist nicht mehr in der Lage, über mimische Signale seine Stimmung zu zeigen.

Wichtig:

Eine Auseinandersetzung des Menschen mit hundlichen Kommunikationsmechanismen ist in der Mensch-Hund-Beziehung nötig und der Alltagsbewältigung dienlich. Eigene Verhaltensweisen sollten hinterfragt werden: »Wie versteht und interpretiert der Hund mein Verhalten? Was zieht er für Rückschlüsse daraus? Wie wird diese Situation auf ›Hündisch‹ verstanden?«

Der Mensch als Angstauslöser

Viele körpersprachliche Signale des Menschen im täglichen Umgang mit dem Hund werden vom Vierbeiner – vom Menschen völlig unbewusst, unabsichtlich und vielfach auch unbemerkt – als verunsichernd, bedrohlich und beängstigend empfunden und bewertet, wenn das entsprechende Vertrauen zum und die Vertrautheit mit dem Menschen fehlen. Hierzu können z.B. auch das Über-den-Hund-Beugen zum An- und Ableinen, das Auf-den-Kopf-Tätscheln zum Streicheln, das Vornüberbeugen beim Heranrufen, das In-den-Arm-Nehmen zum Herzen und Schmusen zählen. Reagiert der Hund abwehrend, ist es gleich wieder das Tier, das eine Macke hat und selten wird die grundsätzliche Vertrauensbasis vom Hund zum Menschen hinterfragt!

Angst und Aggression gehen häufig Hand in Hand. Nochmals: Wo »flight« (Flucht) nicht möglich ist, da stellt sich schnell »Fight« (Kampf) ein. Dabei ist festzustellen, dass die Abwehr über Biss ein vielfach völlig unkontrolliertes Beißverhalten mit maximaler Ausprägung bedeutet. Angstbeißer beißen direkt, ohne Vorwarnung und feste (siehe auch Kapitel »Aggression«, Seite 26). Schnell kommt es hier zu einem konditionierten Verhalten > Angriff als beste Verteidigung!

»Wenn das Aggressionsverhalten (...) wiederholt mit einem präzisen Kontext verbunden (ist), kann es dazu kommen, dass (es) in reflektorischer, automatischer Weise ausgedrückt (wird).« (Dehasse, 2002) Dehasse spricht von

Angriff wird oft als beste Verteidigung gesehen, vor allem, wenn Flucht nicht möglich ist oder aufgrund der psychischen Gesinnung nicht ins Kalkül gezogen wird.

14,5 Jahre alte Kuvaszhündin »Lisa«.

»aggressiven Automatismen, die unter ganz präzisen Umständen ausgelöst werden«. Der Lernerfolg liegt im Vorteil der diesem Verhalten folgenden Konsequenzen. Beispiel: Der ängstliche Hund wird mit einem Besucher konfrontiert, der sich ihm nähert. Auf Anraten des Besitzers wird der – völlig unsinnige! – Rat erteilt, es möge doch die Hand vorgestreckt werden, damit der Hund einmal schnuppern könne. Der Hund fühlt sich dadurch aber bedroht und schnappt nach der ausgestreckten Hand des Besuchers. Die Hand wird weggezogen, der Besucher entfernt sich. Der Hund lernt, dass er über Drohen und Schnappen Unwohlsein verursachende Konfrontationen für sich verhindern kann! Für alle Beteiligten einfacher und sinnvoller wäre es gewesen, den Hund einfach zu ignorieren, ihn nicht anzusehen, sich ihm nicht direkt zu nähern und die Entscheidung Flucht im Sinne von Distanzierung oder Exploration im Sinne von vorsichtigem Annähern mit eventueller Kontaktaufnahme dem Hund zu überlassen. Letzteres beinhaltet die Möglichkeit, dass der Hund sich an Besucher gewöhnt und in diesen mit der Zeit keine oder zumindest eine geringere Bedrohung für sich sieht. Das wäre ein positiver Lernerfolg!

Unsicherheit durch Alter und Krankheit

Besonders wichtig ist die Berücksichtigung möglicher altersbedingter Unsicherheiten bei unseren Hunde-Senioren. Ein Fall aus der Praxis: Ein Hundesenior wurde vorgestellt, der »plötzlich« Verhaltensauffälligkeiten entwickelte, vornehmlich in der Dunkelheit und bei abruptem Wecken des schlafenden Hundes.

Der Hund reagierte in solchen Situationen mit Knurren, massivem Drohen, gelegentlich auch mit einer abwehrenden Beißattacke. Wurde der Hund angesprochen, so schien er überrascht und irritiert, stellte sein Verhalten sofort ein und schien sich in den Augen der Besitzer sofort »entschuldigen« zu wollen. Ein Tierarzt hatte zur Einschläferung des offenbar über Nacht »verrückt« gewordenen Hundes geraten, womit die Besitzer – zum Glück! – nicht einverstanden waren. Der Hund war 12 Jahre alt, hatte bereits eine auch für den tiermedizinischen Laien zu sehende Linsentrübung und erwies sich bei kleinem Test als durchaus schwerhörig. Der Hunde-Opa litt an einer Altersdemenz, einer biologischen Altersfolge, die nicht nur den Menschen betreffen kann. Die Aufnahme eines Reizes, seine Verarbeitung und Bewertung im Gehirn und die angepasste Reaktion können im Alter deutlich verzögert stattfinden. Im konkreten Fall ließ sich die Gesamtsituation wesentlich entschärfen, indem dem Hund für sein nächtliches Nickerchen ein störungsfreier Platz eingerichtet wurde. Wollte man sich ihm nähern, so wurde er ruhig aufweckend angesprochen. Man ließ ihn

16,5 Jahre alte Mischlingshündin »Laiki«

sich »sammeln« und alles war wie früher. Mit dem Wissen um die nachlassenden Sinnesleistungen ihres Hundes und nur kleinen, unproblematischen Verhaltensmaßregeln leben die Besitzer heute wieder friedlich und entspannt miteinander – hoffentlich noch lange!

Das Augenmerk muss sich auch auf Unsicherheiten und Ängstlichkeit richten, die auf momentane und/oder chronische Erkrankung/en zurückzuführen sind. Störungen im neuronalen Netz und in der Neurotransmission führen zu Verhaltensauffälligkeiten diverses Ausmaßes. Derartige Störungen können auch als Folge von Narkotika auftreten und bei allergischen Reaktionen. Skeletterkrankungen wie HD (Hüftgelenksdysplasie), OCD (Osteochondrosis Dissecans, Ellenbogengelenksdysplasie) ED (Ellenbogendysplasie), aber auch Schwäche nach chirurgischen Eingriffen oder sonstigen organischen Erkrankungen können momentane oder anhaltende Unsicherheit begründen.

Augenerkrankungen wie z.B. PRA (progressive Retinaatrophie), bei denen der Hund nach und nach erblindet, beeinflussen sein Verhalten. Der Hund weiß um sein Handicap und ist bemüht, sich bestimmten, seiner Meinung nach bedrohlichen Situationen zu entziehen. Schafft er das nicht oder in unzureichendem Maß reagiert er aversiv bis defensiv. Bei anhaltenden Schmerzen vermag der Hund selbst gegen seine Besitzer massiv zu reagieren, wenn er die Erfahrung macht, dass Berührung oder Beanspruchung ihm wehtun. Aus der daraus entstehenden ängstlichen Erwartungshaltung vermag der Hund bei bloßer Annäherung bereits aggressiv zu reagieren, ohne dass dies ein Indiz für eine grundsätzliche Aggression gegen Menschen wäre, da hier schlicht die Angst vor Schmerz die Ursache ist. Angst vor Schmerz lässt den Hund unter Umständen auch beim Tierarzt überängstlich bis aggressiv reagieren, wenn er dort einmal schlechte Erfahrung gemacht hat. Das wird auch nicht grundsätzlich

wieder »ausgebügelt«, wenn bei späteren Konsultationen die Untersuchungen »ganz harmlos« verlaufen. Die Erinnerung an den erlebten Schmerz lässt das Tier eventuell aus- und zurückweichen, Fluchtversuche werden unternommen, Urin oder Kot können abgesetzt werden, die Analbeutel werden entleert und Ähnliches.

Angst hat so viele Nuancen und Schattierungen wie sie multifaktoriellen Ursprung hat! Im Rahmen dieses Kapitels ist es unmöglich, auf alle Umstände und Begleiterscheinungen einzugehen, doch hoffen wir, zumindest den ein oder anderen Denkanstoß gegeben zu haben. Bei extremer Ängstlichkeit und weiterer Steigerungen davon sollte ein fachkundiger, mit Verhaltenstherapie vertrauter Tierarzt oder Verhaltenstherapeut konsultiert werden. Bei bestimmten Problematiken mag auch der Einsatz von Medikamenten angezeigt sein, um überhaupt erst eine Basis schaffen zu können, das Tier zu erreichen. Doch handelt es sich bei den diversen Präparaten wie z.B. Clomicalm®, Zylkène® und Relaxan® um Medikamente, die zwar teilweise rezeptfrei, aber weder leichtfertig, geschweige denn ohne fundiertes Hintergrundwissen verabreicht werden dürfen! Ratsam ist in Fällen, bei denen der Einsatz erwogen wird, die gezielte Zusammenarbeit von Hundehalter, Hundetrainer/Verhaltenstherapeut und Tierarzt. Selbst der Einsatz von vermeintlich »harmlosen« Präparaten aus der Naturheilkunde sollte mit einem entsprechenden Fachmann abgestimmt werden und nicht zur Selbstmedikation verführen! Auch ist es gerade hierbei wichtig, das passende Medikament für den jeweiligen Hund mit seiner individuellen Problematik zu bestimmen. Grundsätzlich muss aber jeder Einsatz von Medikamenten begleitet werden von einer Verhaltenstherapie, die dem Hund andere Verhaltensmuster näher bringt und ermöglicht. Tabletten allein bedeuten lediglich eine Symptombekämpfung, keine Ursachenforschung!

Auswirkungen von Angst

(zum Teil direkt erlebbar, ohne Anspruch auf Vollständigkeit!)

➡ Erstarren (Frozen)

➡ Hyperaktivität, Zerstörungswut

➡ Depression

➡ übermäßiges Bellen und Heulen

➡ Koten und Urinieren, Durchfall

➡ Zittern, Speicheln, Hecheln

➡ Verschuppung des Fells, Fellprobleme

➡ Hautprobleme

➡ Leckdermatitis

➡ Organerkrankungen (auch Diabetis)

➡ Aggression (auch Autoaggression!)

Kleiner Exkurs zum Thema Kastration und Angstverhalten

Bei der Hündin wird durch die Entfernung der weiblichen Geschlechtsorgane Einfluss genommen auf den Östrogenhaushalt. Dieses kann zu einem Übergewicht des männlichen Hormons Testosteron führen, was sich unter Umständen derart auswirkt, dass Wettbewerbsaggression und Streben nach sozialem Sicherheitsstatus steigen, wohingegen Sebstverteidigungsaggression abnehmen kann! Der Prolaktingehalt im Blut, der den gesamten Brutpflegemechanismus und damit verbunden die Brutverteidigung (und den potenziellen Infantizid) steuert, bleibt von der Kastration unbeeinflusst. Unsichere Hündinnen mögen so im Einzelfall den Eindruck vermitteln, dass ihnen die Kastration etwas mehr Sicherheit gegeben hat, was jedoch kein pauschaler Regelfall ist.

Beim Rüden verhält es sich etwas anders. Ihm wird das männliche Hormon reduziert, was ihn in seinen Augen »schwächer« im Sinne von angreifbarer machen kann. Dadurch kann die Selbstverteidigungsaggression durchaus zunehmen. Unsichere Rüden können nach Kastration noch unsicherer, gleichzeitig aber verteidigungsbereiter werden!

Grundsätzlich sollte eine Kastration immer sehr gut durchdacht und abgewogen werden, sie hat vielerlei Auswirkungen wie z.B. Bindegewebsveränderungen, Muskelabbau, Fellveränderungen, Anfälligkeiten für Hauterkrankungen. Ohne klare medizinische Indikation gibt es eigentlich keinen Grund zur Kastration, eher viele dagegen. Und gerade die über die USA zur Zeit propagierte Frühkastration hat zusätzlich enorme Auswirkungen auf die Ge-

Unsichere Rüden werden nach einer Kastration noch unsicherer, ihre Selbstschutzaggression kann daher zunehmen. Erschwerend kommt hinzu, dass Kastraten häufig massiv von Artgenossen beiderlei Geschlechts bedrängt und nicht mehr eindeutig »erkannt« werden, was ihnen zusätzlichen Stress und Konflikte einbringt.

Eine Kastration sollte immer sehr gründlich überlegt und individuell entschieden werden. Es gibt eine Menge Nachteile, auch wenn Tierärzte und manche Hundetrainer noch immer vorschnell zu dieser endgültigen Maßnahme raten. Und es gibt Alternativen!

hirnentwicklung des Hundes, was dazu führt, dass die Gehirnreife nicht nur verzögert, sondern in bestimmter Hinsicht gänzlich unmöglich gemacht wird. Auswirkungen hat dieser Umstand nicht zuletzt auf die Selbstsicherheit des Tieres: Ängstlichkeit, Unsicherheit und mangelnde Bindungsfähigkeit sind die Folge. Wer dieses Risiko bewusst eingehen will, der sollte vielleicht wie wir meinen seine grundsätzliche Einstellung zum Hund überdenken.

Um herauszufinden, ob ein unerwünschtes Verhalten hormongebunden ist, denn nur dann würde eine Kastration helfen, gibt es heute die Möglichkeit, den »Kastrationschip« einsetzen zu lassen. Nicht augenblicklich, aber relativ schnell fährt er mit einer Wirkzeit von bis zu sechs Monaten den Hormonhaushalt »gegen Null« herunter und imitiert eine reale Kastration. Zeigen sich in dieser Zeit keine positiven Verhaltensveränderungen, so ist eine Kastration unsinnig. Wir müssen aber auch hierbei betonen, dass ohne ein entsprechendes, auf das Mensch-Hund-Team abgestimmtes Training, selbst dieser vermeintlich harmlose Chip kein Allheilmittel ist.

Gansloßer und Niepel haben sich mit dem Thema Kastration und Verhalten ausführlich auseinandergesetzt, ihre Bücher sind jedem, der sich mit dem Gedanken trägt, seinen Hund kastrieren zu lassen, dringend ans Herz gelegt. Ersterer erläutert eingehend, dass Probleme mit dem Jagd- und Erkundungsverhalten, welches vielfach den Grund für die Passion des Herumstreunens vieler Vierbeiner darstellt, die erhöhte Verteidigungsbereitschaft unter Prolaktineinfluss, Attacken auf kleinere Artgenossen, sozial motivierte Aggression und das gesamte Feld der Wettbewerbsaggressionen gar nicht, nicht direkt oder nicht maßgeblich durch die Sexualhormone ausgelöst werden, somit durch Kastration auch nicht zu beheben sind. Angst-, furcht- und stressbezogenes Problemverhalten wird durch eine Kastration aber maßgeblich beeinflusst und eher noch verschlimmert.

Erlerntes Problemverhalten kann auch durch eine Kastration nicht abgestellt werden. Ohne gezieltes Training ändert sich nichts.

5. Die Sache mit der Dominanz

Fast jeder zweite Hilferuf aus Hundehalterkreisen beginnt mit dem Satz: »Mein Hund ist so extrem dominant. Deshalb zeigt er dieses oder jenes Verhalten.« Und wirklich wird auch gern und häufig jegliche Verhaltensauffälligkeit entweder in die Kategorie »Dominanzproblem« oder »Unter-/Überforderung« abgeschoben und mit, manchmal geradezu grotesken Maßnahmen zu beheben versucht. Da erfolgen Tipps von »Experten«, den Hund wochen- und monatelang zu ignorieren, damit er seinen Menschen zu schätzen lernt und als »Chef« empfindet, bis hin zum »Alphawurf«, bei dem der Hund auf den Rücken geschmissen und runtergedrückt gehalten werden soll, womit der Mensch seine Überlegenheit würde demonstrieren können. Alles natürlich nach dem Vorbild des hundlichen Vorfahren Wolf, versteht sich! Nun, die erstgenannte Empfehlung kollidiert schnell mit dem Tierschutzgesetz, denn ein soziales Lebewesen, wie der Hund es zweifelsfrei ist, benötigt den Sozialkontakt zu seinem Menschen, um nicht psychisch zu erkranken, was erst recht Verhaltensauffälligkeiten nach sich ziehen würde. Und der Ratschlag »Alphawurf« entpuppt sich schon da als blanker Unsinn, wo das Größen- und Kräfteverhältnis zwischen Mensch und Hund im ungünstigen Ungleichgewicht liegt.

Was ist Dominanz eigentlich?

Bei der Auseinandersetzung mit dem Dominanzbegriff ist es absolut unerlässlich zu verstehen, was Gansloßer so zutreffend zusammengefasst hat: »Dominanz ist keine Eigenschaft, sondern eine Beziehung, und als solche hat sie normalerweise eine individuelle Vorgeschichte. Dominanz betrifft also immer nur diejenigen Individuen, die in direktem Kontakt zueinander stehen.« (Gansloßer, 2007)

Was Hundehalter unter dem Begriff »Dominanz« häufig meinen und verwechseln, ist Aggressionsverhalten ihres Vierbeiners Artgenossen oder auch ihnen selbst und anderen Menschen gegenüber, welches zumeist in die Kategorie der Wettbewerbsaggression, dem Kampf um Ressourcen (Sozialkontakt, Futter, Beute, Privilegien) gehört. Krachschlagen bei der Begegnung mit fremden Personen, Pöbeln

Mit aufgerissenem Maul und »fliegenden Ohren« zeigt diese Komondorhündin dem leicht verschüchterten Retriever, dass es keine ernst gemeinte Annäherung ist. Weder findet hier eine Dominanzdemonstration, noch -diskussion statt.

an der Leine, Knurren an der Futterschüssel, Schnappen beim Bürsten sind nur einige Vorkommnisse, die in diesem Zusammenhang an den Tag treten können. Bedenken wir, dass Gansloßer weiter zu dem Thema aussagt, dass die »dominante Position eine ausgesprochen ruhige und damit auch aggressionsarme« ist, so wird die Verwechslung von Ursache und Wirkung noch deutlicher.

Im ersten Augenblick scheint es schwierig zu verstehen, dass Dominanz wesentlich vom rangtieferen Part ausgedrückt wird, nämlich in der Akzeptanz des Statushöheren und dessen Interessen. Beansprucht ein ranghohes Lebewesen eine bestimmte Ressource, vermag es Konfliktsituationen nach seinen Vorstellungen und ohne aggressive Auseinandersetzung zu regeln, so kann man von dominantem Agieren sprechen. Immer aber ist ein Gegenüber notwendig, welches dem dominanten Tun zustimmt und sich selbst zurücknimmt oder es eben in Frage stellt. Diese Tatsache belegt

Gansloßers oben genannte Definition von Dominanz und zeigt, dass Dominanz die Art und Weise einer Beziehung zwischen mindestens zwei Lebewesen kennzeichnet.

Hat man sich diese Zusammenhänge verdeutlicht, so wird auch klar, dass das »Umwerfen und Niederdrücken mit vollem Körpereinsatz, wie es von den Vertretern der Dominanzfraktion unter den Hundeerziehern immer propagiert wird, eben gerade keine Dominanz anzeigt, denn dann ist es ja keine freiwillige Leistung des Untergebenen.« (Gansloßer, 2007)

Wichtig:

Dominanz ist keine Eigenschaft, sondern kennzeichnet die Art und Weise der Beziehung zwischen mindestens zwei Lebewesen. Dominanz wird weniger vom Dominierenden demonstriert, als vielmehr vom Subdominanten durch aktives Unterwerfungsverhalten und Rücknahme der eigenen Interessen akzeptiert.

»Zunächst betonen wir noch einmal, dass es zwischen Mensch und Hund keine strikt hierarchische soziale Rangordnung (die dem Recht der Fortpflanzung dient) gibt. (...)
Im alltäglichen Leben von Mensch und Hund spielt die situative Dominanz eine der wichtigsten Rollen. Es gibt immer Konfliktsituationen, die gelöst werden müssen, wenn dem Hund situationsbedingt klargemacht werden muss, was der Mensch gutheißt und was eben nicht.« (Bloch/Radinger, 2010)

Aufreiten ein Zeichen von Macht und Stärke oder sexuelles Abreagieren?

Leicht verlegen und mit geröteten Ohren registriert der Hundehalter verunsichert das Aufreiten seiner Fellnase auf Artgenossen oder das menschliche Bein. Was hat das zu bedeuten? Zeigt der zehn Wochen alte Welpe damit schon sein vermeintliches Dominanzstreben, was dem Hundehalter zukünftig das Leben mit ihm schwer machen wird? Oder hat die-

Spielerisches Aufreiten in der Junghundegruppe.

Natürlich gibt es auch in diesem Alter schon Welpen, die z.B. aufgrund der vorgeburtlichen Geschlechtsprägung so testosterongesteuert sind, dass sie »nichts anderes mehr im Kopf« haben. Hier sollte (und muss!) energisch regelnd eingegriffen werden, damit der kleine Racker noch in den Genuss eines schönen Spiels kommen kann.

Eine genaue Beobachtung der Situation ist nötig, um klar zu unterscheiden, was noch tolerierbares, spielorientiertes Verhalten ist, oder ob eingegriffen werden muss.

ses Verhalten immer und ausschließlich etwas mit Sexualität zu tun? Und wann sollte oder wann muss man einschreiten? Oder kann man es tolerieren und wenn ja, wann?

Schon in Welpengruppen sieht man häufiger, dass die Kleinen auf einem Kumpel aufreiten. Wie im Kapitel »Spiel« bereits erklärt wurde, werden spielerisch Sequenzen aus allen Funktionskreisen gezeigt, so auch aus dem Funktionskreis Fortpflanzung. Der Besitzer kann sich getrost entspannen und zurückhalten, wenn sein Welpe es lustig findet, mit anderen Vierbeinern den »Paarungstanz« zu tanzen. Es sei denn, die kleine Fellnase besteigt immer denselben, schwächeren Welpen, der sich aufgrund seiner körperlichen Unterlegenheit oder seiner Unsicherheit niemals wehrt. Hier muss der Zweibeiner regelnd eingreifen, um dem kleinen Kraftprotz nicht den Weg zu ebnen hin zum trainierten Gewinner gemäß dem Motto: Ich bin stark und gewinne immer!

Viele Hundebesitzer sind entsetzt, wenn ihre Welpen vermeintlich sexuelles Verhalten bereits in diesem jungen Alter an den Tag legen.

Ein Aufreiten beim Menschen, vor allem auch zum Schutz der kleinen Zweibeiner, sollte jedoch grundsätzlich tabuisiert werden, damit sich der Vierbeiner später nicht, mittlerweile 45 Kilo wiegend, fröhlich daran erinnert, wie viel Spaß ihm das gemacht hat.

Beobachtet man Hunde beim Spiel, so ist hin und wieder zu sehen, dass nach einem beglückenden Rennspiel Aufreitaktionen vorkommen. Das hat wiederum nichts mit sexuell begründetem Verhalten zu tun, sondern dient in diesem Fall dem Abbau des zuvor erlebten positiven Stresses. Das gilt analog auch für andere Formen von Stressreaktionen. Wie das aussehen kann, verdeutlicht eine Begebenheit aus dem Zusammenleben von zwei erwachsenen Hündinnen und einem Jungrüden (sieben Monate alt):

Bereits innerhalb der Läufigkeiten kam es immer wieder zu Plänkeleien unter den Hündinnen. Als die ranghöchste Hündin Welpen betreute, demonstrierte sie ihren Status, indem sie die andere Hündin in die Ecke trieb, sodass diese sich nicht mehr bewegen konnte. Diese spannungsgeladene Situation verunsicherte den Jungrüden derart, dass er stressbedingt auf die ranghöchste Hündin aufritt und stoßartige Bewegungen ausführte. Die bestiegene Hündin reagierte hierauf aber in keinster Weise. Es erfolgte keine Maßregelung oder Sanktionierung.

Aufreitaktionen nach einem ausgelassenen Rennspiel kommen vor und dienen dem Abbau des durch das Spiel aufgebauten positiven Stresses.

Auch beim effektiven Deckakt kommt es im Vorspiel zu Aufreitaktionen der Hündin auf den Rüden, bevor letztlich die Verpaarung stattfindet.

Natürlich gibt es unter unseren Vierbeinern aber auch das Aufreiten als Statusdemonstration. Häufig ist es dann verbunden mit zusätzlichem Knurren, um dem Unterlegenen zu zeigen, dass eine Gegenwehr ungünstig wäre und sogleich mit einer Folgeaktion beantwortet würde.

All die beschriebenen Formen des Aufreitens sind geschlechtsunabhängig und werden gleichermaßen von Rüden und Hündinnen gezeigt.

Das Aufreiten in der Paarungssituation wird nicht nur durch den Rüden gezeigt, sondern während der spielerischen Vorbereitung des Deckaktes auch von der Hündin, die dabei den Rüden von vorn und hinten anspringt und »richtig heiß« zu machen scheint. Züchter lächeln dann oft und sagen, dass die Hündin dem Rüden zeigt, wie es geht! Ein instinktveranlagtes Verhalten, welches schon von »jungfräulichen« Hündinnen gezeigt wird und unter anderem auch ein Indiz für den optimalen Deckzeitpunkt sein kann.

6. Der Hund an unserer Seite

Im tagtäglichen Umgang mit unserem Vierbeiner erleben wir verschiedenste Facetten im Verhalten, eigentlich verläuft nie ein Tag wie der andere. Gerade das macht aber den Reiz im Zusammenleben mit dem Fellkumpan aus. Wie jedes Lebewesen, so unterliegt auch der Hund den diversen Einflüssen von Alter und Hormonen, den unterschiedlichen Umweltgegebenheiten und den Wechselwirkungen, die soziale Kontakte und Alltagsvorkommnisse mit sich bringen. Ein Welpe verhält sich anders als ein pubertierender Hund, ein junger Erwachsener anders als ein Senior. Und es vermag sich ein und derselbe Hund bei unterschiedlichen Familienmitgliedern völlig anders bis konträr zu verhalten. Weiß er zum Beispiel, dass sein Betteln bei Herrchen und Frauchen überhaupt keinen Sinn macht, so rückt er unter Umständen mit treuergebenem Blick Oma und Opa dicht auf die sprichwörtliche Pelle, wenn diese sich ein Bütterchen schmieren. Wenn schmachtender Augenaufschlag und kumpelhaft auf den Schoß gelegte Pfote zum Erfolg führen, ist die Strategie 100%ig aufgegangen. Beim Kind der Familie ist eine große Anstrengung wiederum vielleicht gar nicht nötig, da dieses es als Selbstverständlichkeit ansieht, das trockene Brötchen oder den leckeren Kinderkeks mit dem wuscheligen Kumpel zu teilen. Mira Meyer stellt fest: »Damit ein Tier das Verhalten eines anderen zu seinen Gunsten beeinflussen kann, braucht es eine gewisse soziale

Die soziale Intelligenz der Tiere befähigt auch zum Umgang mit anderen Arten.

Intelligenz.« (Meyer, 2006) Nun, diese Fähigkeit haben unsere Haushunde zweifelsohne! Mit Rückbezug auf Emery & Clayton konkretisiert Meyer, dass unter sozialer Intelligenz die Fähigkeit zu verstehen ist, »andere zu täuschen, zu manipulieren und unter anderem ihre Absichten vorherzusagen.«

Die von Meyer formulierte Aussage: »Um die Absichten anderer Gruppenmitglieder vorhersagen zu können und ihr Verhalten zu verstehen, muss das Tier wissen, dass sein Gegenüber zur eigenen Spezies gehört und dass jedes Gruppenmitglied, was Aussehen und Verhalten angeht, seine eigenen Charakteristika hat« (Meyer, 2006), muss dahingehend ergänzt werden, dass Hunde sehr wohl wissen, dass der Mensch kein Hund ist! Dennoch wird er mit hundlichen Augen betrachtet und bewertet, als zugehörig angesehen, auch werden unterschiedliche Charakterzüge und individuelle Eigenarten registriert und entsprechend berücksichtigt. Hunde besitzen eindeutig soziale Kompetenz und Kognition, das heißt, sie sind fähig, bedeutsame soziale Informationen und Situationen wahrzunehmen und zu verarbeiten.

Sozialer Kontakt ist für das soziale Lebewesen Hund lebensnotwendig!

Hunde sind soziale Lebewesen

Bereits auf den vorangegangenen Seiten haben wir mehrmals betont, dass Hunde soziale Lebewesen sind. Das soll uns aber nicht daran hindern, diese äußerst wichtige Tatsache an dieser Stelle nochmals zu bekräftigen. Sozialer Kontakt zu anderen, sei es Mensch und/oder Tier, ist dringend notwendig für unseren Partner Hund, um schwere psychische Schäden zu verhindern.

Zwischen dem Bieten und dem Aufrechterhalten von Sozialkontakt und dem Eingehen auf durch den Hund verursachtes Aufmerksamkeit erheischendes Verhalten sind die Grenzen oft verschwimmend und für den Hundehalter schwer zu erkennen. Nicht auf jedes Kontaktangebot des Hundes muss, sollte und darf eingegangen werden, sonst mutiert der Mensch schnell zum Spielball hundlicher Gestimmtheiten. Die Penetranz, mit der manche Hunde sich ihrem Menschen gegenüber aufdringlich und manipulierend verhalten, ist beachtlich und wird vom Menschen zumeist falsch interpretiert als besonderes Zeichen der Zuneigung und Treue. »Obwohl es für den Hundehalter sicherlich zuerst schwer zu verstehen und nachzuvollziehen ist, so muss darauf hingewiesen werden, dass aufdringliches Verhalten im weitesten Sinne auch eine Form der Aggression ist (...). Aufdringlichkeit bedeutet immer einen Versuch der Manipulation.« (Krivy/Lanzerath, 2009) Durch Fehlinterpretation hundlicher Verhaltensweisen, falschem Verständnis der Mensch-Hund-Kommunikation, Unstimmigkeiten im Vertrauensverhältnis und Unklarheiten in der Mensch-Hund-Beziehung wird das manipulative Verhalten des Hundes begünstigt und auf viele Bereiche des Mensch-Hund-Miteinanders ausgeweitet. (siehe auch »Häufige Alltagsprobleme ...in der Familie«, Seite 32).

Hunde sind empathische Lebewesen

Nicht zuletzt dank Günther Blochs Freilandstudien an frei lebenden Wölfen in Kanada und seinen Beobachtungen an den Streunerhunden in der Toskana wissen wir, dass Empathie im Alltag der sozialen Gruppen eine große Rolle spielt. So können Wölfe wie Hunde durchaus Trauer empfinden, sind fähig, Handicaps zu erkennen und aktive Hilfestellung zu leisten

– man denke an das verletzte Tier, welches aufopfernd über Wochen bis zur Genesung von den anderen Gruppenmitgliedern mit Nahrung versorgt wurde – und ausgelassene Lebensfreude zu versprühen. Diese Eigenschaften begründen mit ihre Wertschätzung und befähigen sie zu den faszinierenden Leistungen z.B. im weiten Feld des Service- und Therapiebereiches.

Lächeln Hunde?

Diese Frage muss uneingeschränkt mit »Ja« beantwortet werden, allerdings differiert die Intensität zwischen den Rassen und auch der Kontext, wann, warum und wem gegenüber Lächeln gezeigt wird, variiert. Feddersen-Petersen beschreibt ausführlich den Unterschied des submissiven Grinsens, welches zu den Beschwichtigungssignalen gehört und Menschen wie Hunden gegenüber gezeigt wird, zu dem entspannt freundlichen Lächeln, welches dem Menschen z.B. zur Begrüßung oder

Deutliches Lächeln ist hier im Spielgesicht zu sehen.

während des sozio-positiven Körperkontaktes (Bürsten, Streicheln) entgegengebracht wird. Auch während Spielsequenzen ist manchmal ein lächelnder Gesichtsausdruck zu erkennen, der die entspannte Situation des Geschehens unterstreicht, denn freies, freundlich gestimmtes Lächeln geschieht nicht unter Anspannung und Stresseinwirkung.

Anders verhält es sich beim beschwichtigenden »submissive grin«, welches als Konflikt vermeidende Strategie angewandt wird. »Auch unter Wölfen und Hunden ist ›Furchtgrinsen‹ als ›submissive grin‹ häufig, tritt in Kombination mit seitlich abgespreizten Ohren und straff

gespannter Stirn sowie schlitzförmigen Augen auf und verleiht dem beschwichtigenden Wolf oder Hund mimisch etwas ausgesprochen Infantiles (relativ hohe Stirn, dadurch ›runder Kopf‹).« (Feddersen-Petersen, 2008)

Feddersen-Petersen stellt weiter fest, dass »Lächeln (...) nicht nur Aggressionen des Gegenüber (hemmt), es löst auch freundliche Antworten anderer aus.« (2008) Diese Aussage wird dem Hundehalter umso verständlicher, wenn er bedenkt, dass sein ihn anlächelnder Hund in der Regel sofort mit einem Lächeln zurück bedacht wird oder sogar eine Streicheleinheit, ein Leckerchen oder sonstige innige Zuwendung erfährt!

Unterschied »submissive grin«/freundlich gestimmtes, offenes Lächeln

	submissive grin	sozio-positives Lächeln
Bedeutung	Beschwichtigung	soziale Kontaktaufnahme
Kopf	seitlich abgewandt	zugewandt
Ohren	leicht angelegt oder seitlich abgespreizt	locker neutral
Lefzen	zurückgezogen, langer Lippenspalt	locker entspannt
Zähne	deutlich entblößt, aber auch verkniffen bedeckt	sichtbar
Blick	unruhig, unstet, flackernd	offen, freundlich
Blickkontakt	wird vermieden	wird gesucht
Frequenz der mimischen Aktionen	häufig wechselnd	ruhig anhaltend

Freundlichkeit als Strategie, hier unbewusst eingesetzt und einer biologischen Gegebenheit folgend, finden wir auch bei Welpen. Freundlich und unterwürfig marschieren sie auf alles und jeden zu. Zimen bezeichnet das überschwänglich kindliche Verhalten als Überlebensstrategie, die »infantile Freundlichkeit des Welpen als ›Waffe‹.« (Zimen, 1988) Fremde Artgenossen werden dadurch weitestgehend in potentiellem Aggressionsverhalten gehemmt, Fürsorgeverhalten wird angeregt.

Hunde lügen nicht!
Oder vielleicht doch?

Der Duden definiert »Lüge« als bewusst falsche, auf Täuschung ausgelegte Aussage. Wikipedia sagt mit Rückbezug auf den Philosophen J. E. Mahon: »Eine Lüge ist eine Aussage, von der der Sender (Lügner) weiß oder vermutet, dass sie unwahr ist, und die mit der Absicht geäußert wird, dass der oder die Empfänger sie trotzdem glauben. Dies geschieht meist, um einen Vorteil zu erlangen (...).« Gemäß diesen Ausführungen darf behauptet werden, dass Hunde durchaus in der Lage sind zu lügen, wobei man bei ihnen eher von einem strategischen Taktieren sprechen würde. Wie solch ein Taktieren aussehen könnte, wollen wir an einem Beispiel aufzeigen, was gerade Mehrhundehalter sicherlich schon erleben konnten: Ein Hund hat sich ein Spielzeug oder einen Kauknochen genommen, den ein anderer Hund auch gern hätte. Der Besitzer des ersehnten Objekts zeigt an, dass er nicht gewillt ist, diese Eroberung einfach zu überlassen. Plötzlich läuft der Neider bellend und krakelend zur Tür, als sei etwas besonders Aufregendes davor.

Durch ein Laufspiel »die Alte« vom gelben Ball ablenken – und schon hat man ihn für sich gewonnen!

Der andere Hund springt sofort auf und macht bei dem Radau mit, natürlich lässt er das Objekt der Begierde in diesem Augenblick fallen und unbeachtet zurück. Der Neider hat diese Chance vorausgesehen und ist sofort zur Stelle, er schnappt sich die Beute und der andere Hund macht ein »langes Gesicht«!

Stoffwechselprozesse beeinflussen Verhalten

Wie bereits erwähnt, wird das Verhalten unserer Vierbeiner durch viele innere und äußere Einflüsse bestimmt. Besonders die hormonellen Vorgänge und die Stoffwechselprozesse werden in Verhaltensfragen oft nicht ausreichend beachtet. Hormoneller Einfluss macht sich besonders in der Pubertät der Fellnase bemerkbar, Renitenz und Dickköpfigkeit, Konzentrationsmangel und Stimmungswechsel plagen den Hund und seinen Besitzer ebenso wie die Eltern eines pubertierenden Teenagers. Gerade in dieser Zeit sind klare Regeln, Grenzsetzung, Geduld und Konsequenz des Hundehalters dringend gefordert. Doch auch in der Zeit kurz vor, während und noch eine Weile nach der Läufigkeit bei Hündinnen sind Gemütsveränderungen von leichter Depression bis gesteigerter Aggressionsbereitschaft bemerkbar.

Bei diesem jungen Komondor beginnen die Haare über die Augen zu wachsen.

Störungen im Aufbau, Abbau oder in der Umwandlung biochemischer Abläufe, also pathologische Auswirkungen des Stoffwechselsystems, können Verhaltensveränderungen verursachen. Deshalb sollte grundsätzlich bei plötzlich auftretenden Verhaltensproblemen immer der Tierarzt konsultiert werden und eine umfassende Blut- und Allgemeinuntersuchung erfolgen. Schmerzhafte Erkrankungen z. B. des Skelettsystems, altersbedingte Gebrechen bei Hundesenioren, aber auch Allergien, Unfall- und Verletzungsfolgen beeinträchtigen das Wohlbefinden und lassen den Hund anders reagieren, als man es von ihm gewohnt ist.

Stress und Verhalten

Ein nicht unwesentlicher Aspekt bei der Auseinandersetzung mit Hundeverhalten ist ganz sicherlich Stress. Doch sollte man sich davor hüten, Stress grundsätzlich nur als negativ zu betrachten! Nur der lang anhaltende Stress, dem ein Lebewesen nicht ausweichen kann und bei welchem es jegliche Kontrollmöglichkeit verliert, macht letztlich krank. Kurzzeitiger Stress hingegen fördert die psychische Entwicklung, die physische Fitness, stärkt das Immunsystem und die generelle Stressresistenz. Es gilt daher im Umgang mit dem Vierbeiner das gesunde Mittelmaß herauszufinden, denn Stress und seine Bewältigung gehören zum Leben dazu und müssen erlebt und zu verarbeiten erlernt werden. Aus diesem Grund sind übertrieben sanfte Erziehungsmethoden, die jegliche Stresseinwirkung vom Hund fernhalten, nicht empfehlenswert. Andererseits sind zu harte Erziehungsmaßnahmen und zu übersteigerte, für den Hund nicht zu bewältigende

Aufgabenstellungen gleichermaßen schädlich, sie verursachen die sogenannte »erlernte Hilflosigkeit«. Erlebt der Hund ständig Misserfolge führt dies in der Folge zu Lern- und Konzentrationsmangel und zu Antriebsschwäche.

Doch nicht nur eine permanente Überforderung, auch die Unterforderung führt zu Stress. In den Wirtschaftswissenschaften beschäftigt man sich seit kurzer Zeit mit dem Phänomen des »Boreout-Syndroms«, dem Pendant zum »Burnout«, der weitläufig bekannt ist. Die Erläuterungen zum Boreout lassen sich 1:1 auf den Hund übertragen.

Boreout-Syndrom

Der Boreout ist das Gegenteil des Burnout. Er besteht aus den Elementen Unterforderung, Langeweile und Desinteresse. Boreout ist nicht gleich Faulheit, denn die Betroffenen sind nicht faul, sondern werden faul gemacht oder der Faulheit überlassen. Der Unterschied zwischen Faulheit und Unterforderung besteht darin, dass ein fauler Hund nichts mit dem Menschen tun will, auch wenn man ihn auf alle möglichen Arten zu motivieren versucht. Der unterforderte Hund aber will arbeiten, nur der Mensch lässt ihn nicht oder gemäß seinen Fähigkeiten zu wenig.

Der Boreout erzeugt Langeweile und Desinteresse, hervorgerufen durch die quantitative und/oder qualitative Unterforderung. Dieses Desinteresse zeigt sich in Gleichgültigkeit gegenüber dem Menschen, was natürlich die Mensch-Hund-Beziehung belastet. Daher darf bei der Auswahl eines Hundes nicht die Optik den Ausschlag geben, sondern es muss umfassend überlegt werden, ob der jeweilige Hun-

detyp mit seinen Fähigkeiten und Ansprüchen zum Alltagsablauf und den menschlichen Vorstellungen von Freizeitgestaltung überhaupt passt.

Wichtig:

Eine unmittelbar nach Konfliktsituationen sehr oft gezeigte Stressreaktion ist das Sich-Schütteln, bei dem der Hund sinnbildlich versucht, die erlebte Anspannung abzuschütteln und sich wieder »locker« zu machen. Das kann auch in der Mensch-Hund-Beziehung nach Schimpfen des Menschen oder nach unter Druck abverlangten Erziehungsmaßnahmen beobachtet werden!

7. Zusammenfassung einiger körpersprachlicher Signale

Hier nochmals die wichtigsten körpersprachlichen Signale, die uns die jeweilige Stimmung des Hundes vermitteln können. Wieder möchten wir ausdrücklich darauf hinweisen, dass niemals ein einzelnes körpersprachliches Signal eine definitive Aussage über die Stimmung des Senders geben kann! Erst die Verbindung mit vielen anderen Signalen lässt eine relativ sichere Einschätzung zu. Natürlich gibt es auch Mischmotivationen, die es dann schwierig machen, eine eindeutige Aussage zu treffen.

In der Arbeit als Hundetrainer raten wir aus diesem Grunde immer wieder dazu, Verhalten zu videografieren. Dies bringt den Vorteil, die Sequenzen mehrmals in Ruhe anschauen zu können. Auf Dauer erlangt der aufmerksame Zuschauer mehr Sicherheit in der Beurteilung von Hundeverhalten und der damit verbundenen Körpersprache.

Der neutrale Hund

- Kopf locker, leicht erhoben

- entspannte, aufrechte Körperhaltung

- Rute locker hängend (Ringelruten sind nicht stramm über den Rücken gerollt)

- Ohren aufgestellt, aber nicht steif nach vorne gerichtet (Hängeohren seitlich anliegend)

Der aufmerksame Hund

- Körper aufgerichtet

- Kopf erhoben

- Blick zielgerichtet

- Ohren nach vorne gerichtet

- Rute wird hoch getragen

Der Hund in Imponierhaltung

- Körper steif aufgerichtet

- Gelenke durchgedrückt, um größer zu wirken

- Kopf erhoben

- Ohren aufgerichtet, eventuell nach vorne gerichtet

- Blick nicht fixierend, eher abgewandt

- Rute senkrecht erhoben

- Eventuell Nacken- oder Rückenhaar aufgestellt

- die Bewegungen wirken hölzern und staksig

Der unsichere/ängstliche Hund

- Körper abgeduckt, Gelenke eingeknickt

- Kopf gesenkt, etwas »zwischen die Schultern gefallen« wirkend

- Blick unstet, ausweichend

- Ohren angelegt und nach hinten gezogen

- »betretenes« Gesicht, das deutlich Unsicherheit und Nervosität widerspiegelt

- Rute dicht an Körper gepresst bis unter den Körper geklemmt

Der Hund in Spielhaltung

- Blick freundlich auf Partner gerichtet, nicht fixierend

- Ohren variabel

- »Spielgesicht«

- Rute weich wedelnd

- übertriebene Bewegungen

- Vorderkörpertiefstellung

Aggression kann defensiv oder offensiv gezeigt werden. Aus diesem Grund ist es wichtig – wie immer! – die komplette Körpersprache zu berücksichtigen und nicht nur ein, zwei einzelne Signale zu bewerten.

Der offensiv aggressive Hund

- Körper steif, eventuell durchgedrückte Gelenke

- Kopf vorgestreckt mit steif wirkendem Hals

- Blick fixierend

- Ohren von nach vorn gerichtet oder aufgestellt bis angelegt

- Nasenrücken gerunzelt

- vorderer Zahnbereich entblößt und mit rundem Maulwinkel

- Nackenfell gesträubt

- Rute hoch erhoben und angespannt

Wichtig:

Beim aggressiv agierenden Hund muss unterschieden werden zwischen defensiv und offensiv, siehe hierzu die Gegenüberstellung auf Seite 32.

8. Anhang: Von gut gemeinten, aber unsinnigen Ratschlägen und populären Irrtümern rund um das Hundeverhalten

Hunde, die bellen, beißen nicht

Scherzhaft mag man diesen Ausspruch kontern mit: »Zumindest nicht gleichzeitig!« Meist ist es so, dass gerade die unsicheren, mit einer Situation überforderten Hunde zu übersteigertem Bellverhalten neigen. Die psychische Labilität dieser Hunde lässt sie nach dem »Flight-Fight-Prinzip« reagieren, was bedeutet, dass bei einer subjektiv empfundenen Ausweglo-

Gerade unsichere Hunde bellen viel und haben eine niedrige Beißhemmschwelle.

sigkeit (keine Flucht, kein Entziehen möglich) unter Umständen auch gern und schnell attackiert und zugebissen wird. Getreu dem Motto »Angriff ist die beste Verteidigung« führt der Selbstschutz- und Verteidigungsgedanke zu überfallartigen Aktionen. Da der Überraschte (Hund wie Mensch) regelrecht überrumpelt wird und kaum selber Gelegenheit zum Handeln hat, und der so agierende Hund einen Vorteil aus seinem Tun ziehen kann, wird aus diesem Verhalten schnell eine Strategie, der trainierte Gewinner! Man denke hier nur an die landläufig als Angstbeißer bezeichneten Hunde!

Die Sache mit dem Welpenschutz

Hartnäckig hält sich die Behauptung, Welpen hätten grundsätzlich Welpenschutz und würden daher niemals von erwachsenen Hunden attackiert und/oder gebissen. Ebenso hartnäckig weisen Verhaltensexperten immer wieder darauf hin, dass es diesen pauschalen Welpenschutz nicht gibt. Die Sorge um den Nachwuchs und der damit verbundene Schutz ist nur in der eigenen sozialen Gruppe existent. Wer also Mutterhündin mit Welpen und zusätzlich eventuell noch eine Tante, ältere (Halb-)Geschwister oder sonstige weitere Hunde mit in der eigenen Familie hält, der wird hier Welpenschutz erleben können. Trifft man aber mit einem Welpen auf der Straße oder Wiese

Nur in der eigenen sozialen Gruppe genießen Welpen Schutz und Sicherheit. Ausgiebige Schnauzenzärtlichkeiten demonstrieren die Verbundenheit und die Vertrautheit der Tiere untereinander.

auf ein fremdes Alttier, so kann es durchaus zu aversivem Verhalten und Beißattacken kommen. Der fremde Hund sieht im Welpen nicht unbedingt nur das niedliche, kleine Hundekind, sondern fremdes Genmaterial, was in absehbarer Zeit zu einem Nahrungs- und Revierkonkurrenten heranwachsen wird. Dieses Genmaterial auszulöschen wäre in der Natur keine Verhaltensstörung, sondern eine legitime Wahrung des eigenen Status´.

Alle Hunde mögen Kinder, weil sie sie als Welpen ansehen

Hunde betrachten uns mit den Augen eines Hundes und bewerten die meisten unserer Handlungen auch nach ihren Maßstäben. Hunde können durchaus das Menschenkind als zugehöriges und zu schützendes Neumitglied der Familie begreifen, dennoch erkennen sie keinen Welpen im Kind. Grundsätzlich verhält sich ein Kind völlig anders, als es ein Welpe tun würde. Das Kind kennt all die Gesten der Demut, des Respekts und der Unterwürfigkeit nicht, die ein Welpe einem Althund gegenüber zu erweisen hat. Hat der Welpe diese noch nicht gelernt, so wird er vom »erziehungsberechtigten« Vierbeiner schnell in seine Grenzen gewiesen. Und gerade hier liegen viele Risiken in der Hund-Kind-Beziehung! Kinder verstehen die Signale der Hunde nicht und reagieren in Hundeaugen schnell respektlos und unange-

Kinder und Hunde sollten niemals unbeaufsichtigt sein – selbst wenn sie sich so gut verstehen, wie diese beiden.

messen. Wird nur immer der Hund in bestimmten Situationen zurechtgewiesen, in denen er sich nach Hundeart eigentlich völlig korrekt verhalten hat, oder macht ein Hund mit Kindern schlechte Erfahrungen oder wenig bis gar keine, so ist es leicht möglich, dass die Fellnase zukünftig nicht begeistert bis ablehnend auf Kinder reagieren wird.

Wenn der Hund wedelt, ist er freundlich gestimmt

Auch hier liegt eine vermenschlichte und in letzter Konsequenz gefährlich falsche Einschätzung von Hundeverhalten vor! Wie zuvor bereits gesagt, ist es nicht möglich, aufgrund nur eines einzelnen Signals auf eine grundsätzliche Gestimmtheit des Hundes zu schließen. Das Wedeln des Hundes hat viele Nuancen und

signalisiert in Kombination mit weiteren körpersprachlichen Signalen, aber auch mit Lautäußerungen eine Vielzahl von verschiedenen, teils völlig konträren Gemütsbewegungen. Von soziopositivem Wedeln bis hochangespanntem Erregungswedeln wird eine breite Palette an Signalübermittlungen abgedeckt. Häufig hören Hundetrainer den Ausspruch, dass der gerade noch »freundlich« wedelnde Hund im nächsten Augenblick auf seinen Artgenossen zugesprungen und gebissen hat. Bei genauerem Nachfragen nach der Art und Weise des Wedelns stellt sich dann heraus, dass der attackierende Hund mit hoch erhobener, steiferer Rute in kurzen, eher schnelleren Intervallen oder auch in nur zeitlupenartigem Tempo leichte Rechts-Links-Schwingungen gezeigt hat. Bedenken Sie bitte: Ein vor dem Bau stehender Jagdhund wedelt unter Umständen auch! Aber sicher möchte er nicht freundlich den Fuchs oder Dachs begrüßen und zum Spiel auffordern!

Noch ist die Stimmung während der Kennenlernphase etwas angespannt, was die Körperhaltung beider Hunde deutlich zeigt. Das begleitende Wedeln ist eher kurzfrequentig, wenig raumgreifend und steif.

Hunde machen alles unter sich allein aus und klären alles untereinander

Eine gefährliche, aber weit verbreitete Meinung, die häufig von Haltern großer Hunde vertreten wird, da diese sich um die Gesundheit ihres Tieres beim Zusammentreffen mit Artgenossen weniger Gedanken machen müssen! Allein bei entsprechenden Größenunterschieden (z.B. Dackel und Dogge, Kleinterrier und Schäferhund) verbietet aber bereits die Logik diesen Gedanken. Menschen mit Kleinhunden, die diese verängstigt auf den Arm nehmen, werden ausgeschimpft, während der eigene Großhund an den Leuten hochspringt, um den Minififfi zu beschnuppern. Ein Glück, wenn der Große wirklich freundlich gesinnt ist. Passiert aber doch mehr und der Kleine wird womöglich gebissen, ist dessen Halter am Desaster auch noch selber schuld. Und

hat es ihn gleich mitgetroffen, hätte er selber damit rechnen müssen und das Unglück vermeiden können, wenn er den Lütten auf dem Boden gelassen hätte! Wer aber ist hier in die Pflicht zu nehmen? Doch wohl der Halter des großen Hundes, der offensichtlich nicht in der Lage ist, seinen Vierbeiner zurückzurufen und ruhig und gelassen an dem Kleinhund vorbeizugehen. Und hierbei geht es überhaupt nicht mehr um die Frage, wer womit anfängt und warum.

Es stellt sich auch die Frage, WAS untereinander ausgemacht werden soll. Eine »Rangfolge«? Rangfolgen gibt es bei sporadisch aufeinandertreffenden Hunden nicht. Rangfolge und -status ist etwas, was sich im täglichen Miteinander zusammenlebender Hunde entwickelt und zu klären hat, spielt jedoch beim Treffen auf der Hundewiese keine Rolle.

Ausgelassenes Spiel hat nichts mit der Klärung von Rang und Status zu tun.

Vor einem Hund wegzulaufen weckt das Beutefangverhalten. Rennspiele unter Hunden sind toll, beim Wettlauf zwischen Mensch und unbekanntem Hund kann der Zweibeiner schnell verlieren.

Hat ein Hund gelernt, dass er mit aggressivem Verhalten Erfolg hat (trainierte Gewinner), so wird dieses Verhalten gern und bei jeder Gelegenheit an den Tag gelegt. Hier soll nichts »ausdiskutiert« werden und es ist nichts zu klären, es geht nur um eine weitere Kerbe auf dem Siegesholz. Unsichere Hunde, die immer wieder als Prügelknaben herhalten müssen, haben erst Recht keinerlei Chance, irgendetwas für sich »auszumachen« oder »zu klären«. Vielleicht verbuchen sie einmal einen »Teilerfolg«, wenn sie auf ein noch unsichereres Gegenüber stoßen. Eher aber verlieren sie das Vertrauen in ihren Menschen, der ihnen in diesen, für sie schwierigen Situationen nicht Schutz bietet, sondern sie hilflos ihrem Schicksal überlässt. Grundsätzlich kann und darf ein Hundebesitzer diese Meinung nicht vertreten und diese Haltung nicht einnehmen!

Wenn der fremde Hund Dir hinterherläuft, dann laufe ganz schnell weg, denn:
»Den Letzten beißen die Hunde!«

Gerade für die Begegnung von Kindern mit fremden Hunden ist dies ein fataler, weil gefährlicher Ratschlag. Vor dem Hund wegzulaufen, kann sein Beutefangverhalten anregen und eine wilde Jagd beginnt. Gerät der fliehende Mensch dann noch in Panik, fuchtelt mit den Armen, schreit und vermittelt dem tierischen Verfolger über geruchliche Botenstoffe, wie groß seine Angst in dieser Situation ist, sind ernsthafte Folgen nicht auszuschließen. Und ein Hund ist fast immer schneller als ein Mensch!

Schau dem (fremden) Hund fest in die Augen!

Zählt es unter Menschen zum guten Umgangsverhalten, seinen Gesprächspartner direkt anzuschauen, und verhilft ein standhafter, fester Blick in einer Diskussion dazu, die eigene Überzeugung zu bekräftigen, so wird man Vergleichbares unter Hunden, die sich als Unbekannte begegnen, nicht beobachten können. Hier wäre der direkte Blickkontakt eine respektlose Geste, die mit einer offenen Provokation des Anderen gleichzusetzen ist. Wer so handelt, muss die erzielte Reaktion aushalten können! Deshalb vermeiden Hunde mit gesundem Sozialverhalten untereinander bei der ersten Begegnung den direkten Blick auf das Gegenüber und nähern sich langsam und mit Bedacht aneinander an, wobei gleichzeitig eine Vielzahl unterschiedlicher Körpersig-

Der direkte Blick in die Augen des fremden Hundes kann gefährlich werden. Doch auch bei vertrauten Mensch-Hund-Gespannen kann der direkte Blickkontakt vom Hund als unangenehm empfunden werden. Trotz unscharfer Aufnahme sieht man hier deutlich, dass der Vierbeiner körpersprachlich zurückweicht und mit beschwichtigenden Signalen auf den Menschen reagiert.

nale ausgesendet werden, die allesamt dazu dienen, eine erste Begegnung konfliktfrei zu bewältigen. Verhält der Mensch sich bei einer Begegnung mit einem fremden Hund analog, so wird von Anfang an viel Gefahrenpotential aus der Situation herausgenommen.

Hund bei Fuß und vorbei an allem und jedem

Wie bereits in Bezug auf den direkten Blickkontakt gesagt, verlaufen Hundebegegnungen von fremden, sozial korrekt agierenden Hunden ruhig, langsam und respektvoll ab. Zur Respektbekundung und als Ausdruck von konfliktvermeidenden Intentionen gehört das Laufen eines kleinen Bogens. Während dieses langsamen Kreisgehens werden Geruchsstoffe unter anderem aus den Analregionen aufgenommen und die Körpersprache des Gegenübers wird analysiert. Ist die Phase des »Sich-Vorstellens« (im Sinne von Bekanntmachen) abgeschlossen, kann die Situation durch eine Spielaufforderung aufgelöst werden, aber auch durch sich langsames Entfernen, wenn man sich nicht übermäßig sympathisch erscheint. Eine direkte, geradlinige, womöglich noch schnelle Annäherung ist für viele Hunde nicht akzeptabel und Begegnungsprobleme ergeben sich hieraus.

Nur unter Hunden, die sich bereits kennen, sich einschätzen können und deren Reaktionen vorhersehbar, also kalkulierbar aufgrund von gemachten Erfahrungen sind, ist ein ungestümes Daraufzulaufen zu beobachten. Dies kann allerdings positiv (Spielaufforderung) wie negativ (Kampf unter anerkannten Feinden) verlaufen!

»Ein Hund, der immer bellt, bekommt wenig Aufmerksamkeit.« (argentinisches Sprichwort)

Dieses Sprichwort besagt, dass der Mensch seinen Mund nur auftun sollte, wenn er wirklich etwas Wichtiges zu sagen hat. In der Übertragung auf den Hund wurde dabei versinnbildlicht, dass der immer bellende Wachhund unbrauchbar ist, da seinem Bellen in realer Gefahrensituation keine Beachtung mehr geschenkt wird. Im Umgang mit dem Hund kann es aber exakt das Gegenteil bedeuten: Der als Forderer auftretende Hund, der gelernt hat, sein Bellen gezielt einzusetzen, um die Aufmerksamkeit seines Menschen auf ihn zu richten!

Hat der Vierbeiner mit seinen Ruhestörungen Erfolg, so wird er diese bestimmt nicht aufgeben, sondern eher systematisch steigern. So wird gebellt, wenn zum Spiel aufgefordert wird (und der Mensch mit ihm spielt), wenn er hinaus möchte (und der Mensch ihm die Tür öffnet), wenn er hinein möchte (und der Mensch sich erneut als Portier betätigt), wenn Bello der Meinung ist, dass es Futterzeit ist (und der Mensch eiligst die Futterschüssel füllt), wenn Besucher lästig sind, weil »sein« Mensch sich mit anderen Lebewesen beschäftigt (und sich der Mensch verschämt bemüht, über »Still«, »Sei brav«, »Was soll das denn jetzt« die Situation zu entschärfen und sich somit mehr dem Hund als dem Besuch widmet) usw.! Die Liste ist nach Belieben zu erweitern!

»Ein ängstlicher Hund bellt, bleibt aber weit weg.« (italienisches Sprichwort)

Gemeint ist, dass diejenigen Menschen, die am lautesten schreien, am ungefährlichsten sind. In Bezug auf den Hund ein fataler Irrtum, da gerade ängstliche Hunde häufig nach dem »Flight-Fight-Prinzip« agieren, das heißt, ist eine Flucht, ein Entziehen aus der beängstigenden Situation nicht möglich, so wird zum Kampf übergegangen. Haben die Hunde einmal gelernt, dass die plötzliche Überrumpelung des potentiellen Gegners – Mensch wie Tier – sie zum Erfolg bringen, da der Überrumpelte weder mit dem Angriff gerechnet hat, noch so schnell adäquat darauf reagieren kann, so entwickelt der angstaggressive Vierbeiner sehr schnell eine Umgangstaktik aus diesem Verhalten!

Die Hunde spielen ja so schön! oder: »Viele Hunde sind des Hasen Tod.« (deutsches Sprichwort)

Wer viele Gegner hat, hat weniger Chancen erfolgreich zu sein, so die Bedeutung des Sprichwortes. Wie sehr sich dieses Sprichwort an der Realität orientiert, lässt sich häufig in Hundegruppen beobachten. Wurde ein vierbeiniger Prügelknabe auserkoren, so wird dieser gejagt und gepiesackt, attackiert und unter Umständen auch angegriffen. Meuteaggression und Mobbing sind Schlagworte, die man im Zusammentreffen von Hunden stets im Hinterkopf haben sollte und die es notwendig machen, Gruppensituationen gut im Auge zu behalten. Mobbing kann bereits innerhalb von Welpengruppen ablaufen, oft auch bei der

Konfrontation von älteren Hunden mit einem jüngeren, der sich den gestandenen Artgenossen nicht zu erwehren weiß. Die Folgen für das Sozialverhalten sind auf beiden Seiten, also für die Mobber ebenso wie für den Gemoppten, negativ. Ein Einschreiten des Menschen oder eines sozial sicher agierenden Althundes ist nötig, um Schlimmes zu verhindern!

Auch die mögliche Meuteaggression muss beim Aufeinandertreffen von einer Gruppe sich gut kennender Hunde und einem fremden Hund stets bedacht werden! Gemeinsam sind sie stark und gemeinsam taktieren sie und stacheln sich gegebenenfalls untereinander sogar an. Diese Erfahrung machen nicht selten auch Mehrhundehalter. Soll ein fremder Hund vorgestellt und im günstigsten Fall in die Gruppenaktionen integriert werden, so ist es sinnvoll, die Hunde der bestehenden Gruppe einzeln und nacheinander mit dem Fremden zu konfrontieren und zwar den sozial sichersten Hund zuerst, egal, welchen Rangstatus er in seiner eigenen Gruppe einnimmt.

Ob es wirklich »Spiel« ist oder schon »Mobbing«, lässt sich für den Hundehalter erkennen, wenn er nach den Merkmalen von Spiel und Spielsequenzen, die wir ab Seite 19 beschrieben haben, Ausschau hält. Besteht Zweifel, so sollte der Hund dieser Situation lieber nicht ausgesetzt werden.

Lassen Sie Ihren Hund doch auch frei laufen, meiner will nur spielen!

»Der will nur spielen!« Dieser Satz ist mittlerweile derart im Sprachgebrauch etabliert, dass er selbst als Scherz weitererzählt wird, so z.B. im Zusammenhang mit dem Verhalten des Torwarts Oliver Kahn.

Nicht jeder angeleinte Hund ist über eine Kontaktaufnahme erfreut, sei sie auch noch so nett gemeint.

Bestimmt würden viele Hundehalter ihren Hund einfach laufen lassen, wenn dies richtig und möglich wäre, aber vielleicht jagt Fiffi ja wie der Teufel oder es klappt mit dem Rückruf (noch) nicht zuverlässig, wenn die sichernde Leine fehlt. Soll nur wegen des Gegenübers das Risiko eingegangen werden, dass die Fellnase überfahren wird? Vielleicht ist die Hündin gerade läufig oder der eigentlich wirklich freundliche Rüde durch eine Krankheit gehandicapt. Es ist doch wohl jedermanns eigene Entscheidung, wo und wann der eigene Hund von der Leine gelassen wird – oder eben nicht. Für diese Entscheidung muss man sich weder rechtfertigen noch entschuldigen – und sicherlich auch nicht milde oder kopfschüttelnd belächeln lassen.

Der auf Fremde zulaufende »Der-will-nur-spielen-Hund« belästigt die Person und ihren vierbeinigen Kumpel. Sie möchte vielleicht ihre Ruhe haben und einfach weiter spazierengehen. Vielleicht ist der Hund anderen Hunden nicht allzu positiv gewogen. Das Recht, seinen Weg zu gehen, muss jedem Halter eines angeleinten Hundes frei zugesprochen werden. Andere Hundehalter haben hierzu nicht zu kommentieren, was zu tun und zu lassen richtig wäre. Was für das jeweilige Mensch-Hund-Team das Beste ist, kann das betreffende Team wohl am ehesten selbst beurteilen. Deshalb ist im Vorfeld abzuklären, ob der Entgegenkommende Lust auf eine Spieleinheit hat oder nicht, bevor dem Hund ein wildes Draufzustürmen erlaubt wird.

Fazit: Ein bisschen mehr Rücksichtnahme, gerade unter den Hundehaltern, macht das Leben für alle leichter und unbeschwerter! Hundehalter haben es ohnehin heutzutage schon schwer genug!

Die wollen sich doch nur mal begrüßen und beschnuppern

Kontaktaufnahmen an der Leine zwischen sich unbekannten Hunden bringen häufig Probleme mit sich. Wir Hundehalter sollten das berücksichtigen und nicht unseren Fiffi einfach, am besten noch an der Rollleine, auf einen fremden Hund zulaufen lassen. Auch hier steht Rücksicht im Vordergrund (oder sie sollte dort stehen!). Vielleicht kommt der andere Vierbeiner nicht mit unserem Hund zurecht? Oder die Menschen wollen oder können gerade jetzt keinen Kontakt zu anderen Hunden zulassen! Laufen Sie auf jeden unbekannten Menschen zu, um ihn mal kurz, aber kräftig zu umarmen?

Wenn dann der ungewollt kontaktierte Vierbeiner auch noch protestiert, die Zähne zeigt und knurrt, würden Sie an Stelle des Besitzers auch nicht gern Kommentare hören wie: »Der Hund ist ja wohl hochgradig aggressiv! Sie müssen mal in eine gute Hundeschule gehen!«

Es ist immer wieder erstaunlich, dass die Schuld für eine missglückte Begegnung immer auf denjenigen geschoben wird, der diese Konfrontation eigentlich gar nicht wollte und nur einfach seines Weges ging. Wer aber muss sich hier wiederum an die eigene Nase fassen? Doch wohl der Besitzer des Hundes, der ohne zu fragen meint, dass sein Hund das tun könne, wonach ihm gerade der Sinn steht!

Bereits in unseren anderen Büchern haben wir ausführlich darauf hingewiesen, warum die Kontaktaufnahme zwischen angeleinten, sich fremden Hunden bereits ab Welpenalter unterbunden werden sollte. Aggressive Verhaltensweisen, erhöhte Verteidigungsbereitschaft im Sinne von Selbstschutzaggression oder so-

zial motiviert, aber auch die durch die Leine eingeschränkte Kommunikationsfähigkeit der Vierbeiner, können derartige Begegnungen äußerst negativ beeinflussen.

Nach einer Kastration ist alles anders und der Hund viel lieber

Es ist erschreckend, wie häufig noch heutzutage Hundehaltern mit Verhaltensproblemen ihres Vierbeiners die Kastration als pauschales Allheilmittel empfohlen wird. Und wenn der Tierarzt diese Maßnahme anrät, dann wird im besten Glauben an die medizinische Kompetenz schnell und unüberlegt zugestimmt. Eine Kastration ist nur vertretbar, wenn eine medizinische Indikation vorliegt! So sieht es auch das Tierschutzgesetz vor. Kastration als alleiniges und grundsätzliches Mittel zur Behebung von Verhaltensproblemen anzusehen, ist blanker Unsinn und biologisch nicht stimmig (siehe auch »Kleiner Exkurs zum Thema Kastration«, Seite 61).

Im Zweifelsfall ist die Durchtrennung der Samenstränge bzw. der Eileiter eine wesentlich geeignetere Maßnahme, da hierdurch nicht in den Hormonhaushalt des Tieres eingegriffen wird. Dies belegen auch mannigfaltige Erfahrungen, die in der Zoo- und Wildtiermedizin gesammelt wurden. Hierbei wurden keinerlei Nebenwirkungen beobachtet. Die Implantation des »Kastrationschips« bietet eine sinnvolle Möglichkeit herauszufinden, ob das gezeigte, unerwünschte Verhalten des Vierbeiners überhaupt hormongebunden ist und eine »echte« Kastration (in Verbindung mit individuell angepasstem Mensch-Hund-Training) Vorteile bringen würde.

Mein Hund ist so schrecklich dominant!

Eine beliebte, weitverbreitete Erklärung zu jeglichem Verhalten, welches dem Hundebesitzer den Umgang mit seiner Fellnase im Alltag erschwert. Leider wird hierbei selten unterschieden zwischen Imponiergehabe, nicht erfolgter Grenzsetzung oder sonstigen Erziehungsdefiziten, Abwehrmaßnahmen aus Unsicherheit usw.

Grundsätzlich muss berücksichtigt werden, dass Dominanz keine Eigenschaft eines Einzelnen ist! Wo ein dominanter Part vorhanden ist, muss ein subdominanter Part existieren, der die Dominanz anerkennt, oder ein weiterer dominanter Part, der mit dem ersteren in Konkurrenz tritt. Somit kennzeichnet der Begriff der Dominanz immer die Art und Weise einer Beziehung, die zwischen mindestens zwei Lebewesen besteht (siehe auch »Die Sache mit der Dominanz«, Seite 64).

Schlussgedanken

Wir haben in diesem Buch versucht, einige wichtige Verhaltensweisen unserer Vierbeiner zu erklären und durch Fotos zu verdeutlichen. Wenn Sie nun die eine oder andere Aktion oder Reaktion Ihres Hundes besser verstehen und nachvollziehen können, so ist uns dies gelungen, was uns sehr freuen würde. Etliche Probleme entstehen aus Missverständnissen zwischen Hund und Mensch heraus, und nicht wenige basieren auf dem rücksichts- und respektlosen Umgang der Hundehalter untereinander und mit der nicht Hunde haltenden Gesellschaft. Es ist sehr bedauerlich, dass Nichthundehalter, angeheizt durch die Regenbogenpresse und einige, wenige rücksichtslose Hundebesitzer, oft mit Abneigung, ja Hass einem Mensch-Hund-Team begegnen!

Um so bedauerlicher aber ist es, dass nicht einmal Hundehalter unter sich offensichtlich in der Lage sind, rücksichts-, respekt- und verständnisvoll miteinander umzugehen! Wie viel einfacher wäre das Leben doch, wenn man so manchen Spruch wie »Der tut nix!« und »Der will nur spielen!« nicht mehr hören würde. Manch konfliktbeladene Begegnung wäre zusätzlich ausgeschlossen ...

Danksagung

Wieder gilt es von ganzem Herzen »Danke« zu sagen den Menschen, die unser Buchprojekt unterstützt haben: den Kunden der Hundeschulen »Tatzen-Treff« und Hunde-Farm »Eifel, den Teilnehmern der Eifeler Erlebniswoche von Ende Juli 2010, Brita, Regina, F. Erb, K. Petz, K.-H. Münch, H.-J. Peters, Hartmut und Oliver für zusätzliches Fotomaterial, Claudia für ihre Geduld mit uns! Auch unseren Hunden Nelly, Odessa, Schnuppe, Shani, Szukki, Inuit, Jazz und Lolle gilt unsere Anerkennung für ihr verständnisvolles Ausharren, wenn Gassigang, Spielrunde und Schüsselbefüllung etwas warten mussten.

Quellen und Tipps zum Weiterlesen

Bailey, Gwen:
Sprich die Sprache deines Hundes,
Müller Rüschlikon Verlag, Stuttgart, 1998

Bloch, Günther:
Der Wolf im Hundepelz,
Kosmos Verlag, Stuttgart, 2004

Bloch, Günther und Radinger, Elly H.:
Wölfisch für Hundehalter,
Kosmos Verlag, Stuttgart, 2010

Coppinger, Ray und Lorna:
**Hunde – Neue Erkenntnisse über Herkunft,
Verhalten und Evolution der Kaniden**,
animal-learn-Verlag, Bernau, 2003

Dehasse, Joel:
Aggressiver Hund,
Edition Ratgeber Haustier, 2002

Feddersen-Petersen, Dr. Dorit Urd:
Ausdrucksverhalten beim Hund,
Kosmos Verlag, Stuttgart, 2008

Feddersen-Petersen, Dr. Dorit Urd:
Hundepsychologie,
Kosmos Verlag, Stuttgart, 2004

Gansloßer, Dr. Udo:
Verhaltensbiologie für Hundehalter,
Kosmos Verlag, Stuttgart, 2007

Gansloßer, Dr. Udo:
Säugetierverhalten,
Filander-Verlag, Fürth, 1998

Gansloßer, Dr. Udo:
Gruppenmechanismen,
Filander-Verlag, Fürth, 2002

Krivy, Petra/Lanzerath, Angelika:
Was ein Welpe lernen muss,
Müller Rüschlikon Verlag, Stuttgart, 2009

Krivy, Petra/Lanzerath, Angelika:
So geht´s nicht weiter,
Müller Rüschlikon Verlag, Stuttgart, 2009

Krivy, Petra/Lanzerath, Angelika:
Einfach gut erzogen,
Müller Rüschlikon Verlag, Stuttgart, 2010

Meyer, Mira:
Die Beschwichtigungssignale der Hunde,
Diplomarbeit, 2006, ausschließlich erhältlich
über Hunde-Farm »Eifel«

Niepel, Gabriele:
Kastration beim Hund,
Kosmos Verlag, Stuttgart, 2007

Ohl, Frauke:
Hunde wirklich verstehen,
Ulmer-Verlag, Stuttgart 2006

Trumler, Eberhard:
Hunde ernst genommen,
Piper-Verlag, München, 1989

Trumler, Eberhard:
Mit dem Hund auf du,
Piper-Verlag, München, 1989

Zimen, Erik:
Der Hund,
Goldmann-Verlag, München, 1988

Nützliche Adressen

Hundeschule »Tatzen-Treff«
Petra Krivy
Zur Grube 2
57399 Kirchhundem
Telefon & Fax: 02764 - 7706
www.tatzen-treff.de
E-Mail: info@tatzen-treff.de

Slovenský Čuvač Zucht »vom Wolfshorn«
(VDH/FCI)
www.cuvac.de

Hunde-Farm »Eifel«
Angelika Lanzerath
Von-Goltstein-Str. 1
53902 Bad Münstereifel
Telefon & Fax: 02257 - 7728
www.hundefarm-eifel.de
E-Mail: kedvesmomo@t-online.de

Kuvasz Zucht »von Anka« (VDH/FCI)
www.kuvasz-von-anka.de

TierTime
Agentur für Veranstaltungen
rund ums Tier
Brita Günther
Obergarschagen 18a
42899 Remscheid
Telefon: 0170 - 800 18 97
www.tiertime.de
E-Mail: info@tiertime.de